हिन्दी की पाँच श्रेष्ठ कहानियाँ

मन को छू लेने वाली चुनिंदा कहानियाँ

संकलन व सम्पादन

डॉ. सच्चिदानन्द शुक्ल

एम.ए., पी-एच. डी. (हिन्दी), साहित्यरत्न (संस्कृत)

वी एण्ड एस पब्लिशर्स

प्रकाशक

वी एण्ड एस पब्लिशर्स

F-2/16, अंसारी रोड, दरियागंज, नई दिल्ली-110002
☎ 23240026, 23240027 • *फैक्स:* 011-23240028
E-mail: info@vspublishers.com • *Website:* www.vspublishers.com

शाखा: हैदराबाद
5-1-707/1, ब्रिज भवन (सेन्ट्रल बैंक ऑफ इण्डिया लेन के पास)
बैंक स्ट्रीट, कोटी, हैदराबाद-500 095
☎ 040-24737290
E-mail: vspublishershyd@gmail.com

शाखा : मुम्बई
जयवंत इंडस्ट्रिअल इस्टेट, 2nd फ्लोर - 222,
तारदेव रोड अपोजिट सोबो सेन्ट्रल मॉल, मुम्बई - 400 034
☎ 022-23510736
E-mail: vspublishersmum@gmail.com

फ़ॉलो करें:

हमारी सभी पुस्तकें **www.vspublishers.com** पर उपलब्ध हैं

मुद्रक: रेप्रो नॉलेजकास्ट लिमीटेड, ठाणे

प्रकाशकीय

भारतीय हिन्दी साहित्य में आधुनिक युग के अनेक साहित्यकारों ने अपनी साहित्यिक प्रतिभा को उजागर किया। बँगला, उड़िया, गुजराती, हिन्दी आदि भाषाओं के विभिन्न साहित्यकारों ने साहित्य की अनेक विधा यथा-कहानी, उपन्यास, नाटक, निबन्ध आदि में अपनी लेखनी से एक नये युग की शुरूआत की।

प्रस्तुत पुस्तक- **'हिन्दी की पाँच श्रेष्ठ कहानियाँ'** में बँगला साहित्यकारों रवीन्द्रनाथ टैगोर, शरत चन्द्र व विभूतिभूषण की कहानियाँ तथा हिन्दी साहित्यकारों चन्द्रधर शर्मा 'गुलेरी' और जयशंकर प्रसाद की कहानियों का संकलन किया गया है, ये सभी अपने युग के श्रेष्ठ कहानीकार के रूप में विख्यात है।

प्रत्येक रचनाकारों की प्रसिद्ध एक-एक कहानियाँ इसमें संकलित की गयी हैं, जो उनके रचना-कौशल का प्रतिनिधित्व करती हैं।

इन कहानियों के प्रस्तुतिकरण में विशेषता यह है कि प्रत्येक कहानीकार की कहानियों के प्रारम्भ में उस कहानीकार का संक्षिप्त जीवन-परिचय, उनकी प्रमुख रचनाओं, उनका काल आदि का संक्षिप्त वर्णन किया गया है, जो कि प्राय: किसी अन्य कहानी-संग्रह में देखने को नहीं मिलता है।

इसके साथ ही प्रत्येक कहानी में आये हुए प्राय: कठिन शब्दों के अर्थ 'फुटनोट' के रूप में दे दिये गये हैं, जिससे पाठकों को उस कहानी के मर्म को समझने में असुविधा न हो।

आशा है, पूर्व में प्रकाशित कहानी-संग्रह की भाँति इस कहानी-संग्रह- **'हिन्दी की पाँच श्रेष्ठ कहानियाँ'** को भी पाठक पूर्व की भाँति अपनायेंगे।

-प्रकाशक

विषय-सूची

रवीन्द्रनाथ टैगोर

जन्मः 7 मई 1861
मृत्युः 7 अगस्त 1941

रवीन्द्रनाथ का जन्म सन् 7 मई 1861 ई. में बंगाल के उत्तरी कोलकाता में चितपुर रोड पर द्वारकानाथ ठाकुर की गली में देवेन्द्रनाथ ठाकुर के पुत्र रूप में हुआ था। देवेन्द्रनाथ ठाकुर स्वयं बहुत प्रसिद्ध थे और सन्तों जैसे आचरण के कारण 'महर्षि' कहलाते थे। ठाकुर परिवार के लोग समाज के अगुआ थे। जाति के ब्राह्मण और शिक्षा-संस्कृति में काफी आगे बढ़े हुए। किन्तु कट्टरपन्थी लोग उन्हें 'पिराली' कहकर नाक-भौं सिकोड़ते थे। 'पिराली' ब्राह्मण मुसलमानों के साथ उठने-बैठने के कारण जातिभ्रष्ट माने जाते थे। रवीन्द्रनाथ टैगोर के पितामह द्वारकानाथ ठाकुर 'प्रिंस अर्थात् राजा कहलाते थे। इस समय इनके परिवार में अपार ऐश्वर्य था। जमींदारी बड़ी थी। यही कारण था कि रात में घर में देर तक गाने-बजाने का रंग जमा रहता था, कहीं नाटकों के अभ्यास चलते, तो कहीं विशिष्ट अतिथियों का जमावड़ा होता।

बचपन में रवीन्द्र को स्कूल जेल के समान लगता था। तीन स्कूलों को

आजमा लेने के बाद उन्होंने स्कूली पढ़ाई को तिलांजलि दे दी, किन्तु स्वतन्त्र वातावरण में पढ़ाई-लिखाई में जी खूब लगता था। दिन भर पढ़ना-लिखना चलता रहता, सुबह घण्टे भर अखाड़े में जोर करने के बाद बँगला, संस्कृत, भूगोल, विज्ञान, स्वास्थ-विज्ञान, संगीत, चित्रकला आदि की पढ़ाई होती। बाद में अँग्रेजी साहित्य का भी अध्ययन आरम्भ हुआ। कुशाग्र बुद्धि होने के कारण जो भी सिखाया जाता, तुरन्त सीख लेते और भूलते नहीं थे।

ऊँची शिक्षा प्राप्त करके कोई बड़ा सरकारी अफसर बनने की इच्छा से उन्हें विलायत भेज दिया गया। उस समय वे 17 वर्ष के थे। विलायत पहुँचकर वहाँ के पाश्चात्य सामाजिक जीवन में रंग गये, लेकिन शिक्षा पूर्ण होने के पहले ही सन् 1880 में वापस बुला लिये गये। अगले वर्ष फिर से विलायत भेजने की चेष्टा हुई, किन्तु वह चेष्टा निरर्थक हुई।

जमींदारी के काम से रवीन्द्रनाथ को उत्तरी और पूर्वी बंगाल तथा उड़ीसा के देहातों के चक्कर लगाने पड़ते थे। वह प्रायः महीनों 'पदमा' नदी की धार पर तैरते हुए अपने नौका-घर में निवास करते। वहीं से उन्होंने नदी तट के जीवन का रंग-बिरंगा दृश्य देखा। इस प्रकार बंगाल के देहात और उनके निवासियों के जीवन से उनका अच्छा परिचय हुआ। ग्रामीण भारत की समस्याओं के बारे में उनकी समझदारी और किसानों, दस्तकारों आदि की भलाई की व्याकुल चिन्ता भी इसी प्रत्यक्ष सम्पर्क से पैदा हुई थी। सन् 1903 से 1907 तक का समय उनका कष्टमय रहा, किन्तु शैक्षणिक सामाजिक कामों के कारण उन्होंने अपने साहित्य के कार्य में कोई रुकावट नहीं आने दी। कविताओं, गीतों, उपन्यासों, नाटकों व कहानियों की रचना बराबर चलती रही। गीतांजलि के गीतों और आज के राष्ट्रीय गीत 'जन गन मन' की रचना उन्हीं दिनों हुई

रवीन्द्रनाथ ने कुल ग्यारह बार विदेश-यात्राएँ की। जिससे प्रख्यात अँग्रेजी साहित्यकारों से परिचय हुआ। उन्हीं के प्रोत्साहन से रवीन्द्रनाथ ने अपने कुछ गीतों और कविताओं के अँग्रेजी में अनुवाद प्रकाशित किये। ये रचनाएँ 'गीतांजलि' शीर्षक से प्रकाशित हुईं। इस पर रवीन्द्रनाथ को नोबेल पुरस्कार मिला, जो विश्व का सर्वोच्च पुरस्कार है।

7 अगस्त 1941 को राखी के दिन कवि ने अपनी आँखे मूँद लीं। बँगला पंचांग के अनुसार कवि की जन्मतिथि पच्चीस बैसाख और निधन तिथि 22 श्रावण को पड़ती है।

काबुलीवाला

1

बंगाल में कहानी कला के क्षेत्र में रवीन्द्रनाथ टैगोर से पूर्व कोई नहीं था। उन पर किसी विदेशी लेखक का भी कोई प्रभाव नहीं पड़ा था। उनकी रचनाएँ मौलिक हैं। उनकी रचनाओं में उनके आस-पास के वातावरण, उन विचारों और भावों तथा सम्बन्धित समस्याओं की झलक मिलती है, जिन्होंने टैगोरजी के जीवन में समय-समय पर उनके मन को प्रभावित किया।

(1)

मेरी पाँच बरस की छोटी बेटी मिनी बिना बोले पल-भर भी नहीं रह सकती। संसार में जन्म लेने के बाद भाषा सीखने में उसे केवल एक वर्ष का समय लगा था। उसके बाद से जब तक वह जागती रहती है, एक पल भी मौन नहीं रह सकती। उसकी माँ बहुत बार डाँटकर उसे चुप करा देती है, किन्तु मैं ऐसा नहीं कर पाता। चुपचाप बैठी मिनी देखने में इतनी अस्वाभाविक लगती है कि मुझे बहुत देर तक उसका चुप रहना सहन नहीं होता। इसलिए मेरे साथ उसका वार्तालाप कुछ उत्साह के साथ चलता है।

सुबह मैंने अपने उपन्यास के सत्रहवें परिच्छेद में हाथ लगाया ही था कि मिनी ने आते ही बात छेड़ दी, "पिताजी! रामदयाल दरबान काक को कौआ कहता था। वह कुछ नहीं जानता। है न?"

संसार की भाषाओं की विभिन्नता के सम्बन्ध में उसे जानकारी देने के लिए मेरे प्रवृत्त होने के पहले ही वह दूसरे प्रसंग पर चली गयी, "देखो पिताजी! भोला कह रहा था कि आकाश में हाथी सूँड़ से पानी ढालता है, उसी से वर्षा होती है। मैया री! भोला कैसी बेकार की बातें करता रहता है! ख़ाली *बकबक*[1] करता रहता है, दिन-रात बकबक लगाये रहता है।"

इस बारे में मेरी हाँ-ना की तनिक भी प्रतीक्षा किये बिना वह अचानक प्रश्न कर बैठी, "पिताजी! माँ तुम्हारी कौन होती हैं?"

मन-ही-मन कहा, 'साली', ऊपर से कहा, "मिनी! जा तू भोला के साथ खेल! मुझे इस समय काम है।"

---

1. बकवास।

तब वह मेरे लिखने की मेज़ के किनारे मेरे पैरों के पास बैठकर अपने दोनों घुटनों पर हाथ रखकर बड़ी तेज़ी से 'आग्डूम् वाग्डूम' कहते हुए खेलने लगी। मेरे सत्रहवें परिच्छेद में उस समय प्रतापसिंह काँचनवाला को लेकर अँधेरी रात में कारागार के ऊँची खिड़की से नीचे बहती हुई नदी के जल में कूद रहे थे।

मेरा कमरा सड़क के किनारे था। सहसा मिनी 'आग्डूम वाग्डूम' का खेल छोड़कर जँगले की तरफ़ भागी और ज़ोर-ज़ोर से पुकारने लगी, "काबुलीवाले, ओ काबुलीवाले!"

मैले-से ढीले-ढाले कपड़े पहने, सिर पर पगड़ी बाँधे, पीठ पर झोली लिये, हाथों में अंगूरों के दो-चार बक्स लिये एक लम्बा *काबुलीवाला*[1] सड़क पर धीरे-धीरे जा रहा था। उसे देखकर मेरी कन्या के मन में कैसे भाव उठे, यह कहना कठिन है। उसने उसको ऊँची आवाज़ में बुलाना शुरू कर दिया। मैंने सोचा, 'बस, अब पीठ पर झोली लिये एक आफ़त आ खड़ी होगी, मेरा सत्रहवाँ परिच्छेद अब पूरा नहीं हो सकता।'

किन्तु, मिनी की पुकार पर ज्यों ही काबुलीवाले ने हँसकर मुँह फेरा और मेरे घर की ओर आने लगा, ज्यों ही वह झपटकर घर के भीतर भाग गयी। उसका नाम-निशान भी न दिखायी पड़ा। उसके मन में एक तरह का अन्ध विश्वास था कि उस झोली के भीतर खोज करने पर उसके समान दो-चार जीवित मानव-सन्तान मिल सकती हैं।

इधर काबुलीवाला आकर मुस्कराता हुआ मुझे सलाम करके खड़ा हो गया- मैंने सोचा, 'यद्यपि प्रतापसिंह और काँचनमाला की अवस्था अत्यन्त *संकटापन्न*[2] है, तथापि आदमी को घर पर बुला लेने के बाद उससे कुछ न खरीदना शोभा नहीं देता।'

कुछ ख़रीदा। उसके बाद दो-चार बातें हुईं। अब्दुर्रहमान, रूस, अँग्रेज आदि को लेकर सीमान्त प्रदेश की रक्षा-नीति के सम्बन्ध में बातचीत होने लगी।

अन्त में उठकर चलते समय उसने पूछा, "बाबू! तुम्हारी लड़की कहाँ गयी।"

मैंने मिनी के भय को समूल नष्ट कर देने के अभिप्राय से उसे भीतर से बुलवा लिया। वह मेरी देह से सटकर काबुली के चेहरे और झोली की ओर सन्दिग्ध दृष्टि से देखती रही। काबुली उसे झोली से किशमिश, खुबानी निकालकर देने लगा, पर उसे लेने के लिए वह किसी तरह राज़ी नहीं हुई। दुगुने सन्देह से मेरे घुटने से सटकर रह गयी। प्रथम परिचय इस प्रकार पूरा हुआ।

---

1. काबुल का रहने वाला। 2. संकट से ग्रस्त।

कुछ दिन बाद एक दिन सवेरे किसी काम से घर से बाहर जाते समय देखा, मेरी पुत्री मिनी द्वार के पास बेंच के ऊपर बैठकर अनर्गल बातें कर रही है और काबुलीवाला उसके पैरों के पास बैठा मुस्कराता हुआ सुन रहा है तथा बीच-बीच में प्रसंगानुसार अपना विचार भी मिश्रित बाँङ्ला में प्रकट कर रहा है। मिनी को अपने पंचवर्षीय जीवन की अभिज्ञता में पिता के अतिरिक्त ऐसा धैर्यवान श्रोता कभी नहीं मिला था। मैंने यह भी देखा कि उसका छोटा *आँचल*[1] बादाम-किशमिश से भरा था। मैंने काबुलीवाले से कहा, "उसे यह सब क्यों दिया। अब फिर मत देना!"और मैंने जेब से एक अठन्नी निकालकर उसको दे दी। बिना संकोच के अठन्नी लेकर उसने झोली में रख ली।

घर लौटकर देखा, उस अठन्नी को लेकर पूरा झगड़ा मचा हुआ है।

मिनी की माँ सफ़ेद चमचमाते हुए गोलाकार पदार्थ को लेकर कड़े स्वर में मिनी से पूछ रही थी, "तुझे अठन्नी कहाँ मिली?"

मिनी कह रही थी, "काबुलीवाले ने दी है।"

उसकी माँ कह रही थीं, "काबुलीवाले से अठन्नी लेने तू क्यों गयी।"

मिनी ने रोने की सूरत बनाते हुए कहा, "मैंने माँगी थोड़े ही थी, उसने स्वयं दी।"

मैंने आकर इस आसन्न विपत्ति से मिनी का बचाव किया और उसे बाहर ले गया।

पता लगा, काबुलीवाले के साथ मिनी की यह दूसरी मुलाकात हो, ऐसा नहीं है। इस बीच में उसने प्रायः प्रतिदिन आकर घूस में पिस्ता-बादाम देकर मिनी के नन्हें लुब्ध हृदय पर बहुत-कुछ अधिकार कर लिया है।

मालूम हुआ, उन दो मित्रों में कुछ बँधी हुई बातें और *परिहास*[2] प्रचलित हैं–जैसे रहमत को देखते ही मेरी कन्या हँसते-हँसते पूछती, "काबुलीवाले! ओ काबुलीवाले! तुम्हारी झोली में क्या है।"

रहमत अनावश्यक चन्द्रबिन्दु जोड़कर हँसते हुए उत्तर देता, "*हाँति*[3]।"

अर्थात्, उसकी झोली में एक हाथी है। उसकी हँसी का यही गूढ़ रहस्य था। यह रहस्य बहुत ज़्यादा गूढ़ था, यह तो नहीं कहा जा सकता, किन्तु इस परिहास से दोनों ही काफ़ी विनोद का अनुभव करते रहते-और *शरत्काल*[4] के प्रभात में एक वयस्क और अप्राप्त-वयस्क शिशु का सरल हास्य देखकर मुझे भी अच्छा लगता।

उनमें एक और बात भी प्रचलित थी। रहमत मिनी से कहता, "मुन्नी, तुम क्या कभी ससुराल नहीं जाओगी!"

---

1. फ्राक। 2. मज़ाक। 3. हाथी। 4. जाड़े की ऋतु।

बंगाली परिवार की लड़की जन्म-काल से ही 'ससुराल' शब्द से परिचित रहती है, किन्तु हमारे कुछ आधुनिक ढंग के लोग होने के कारण बालिका को ससुराल के सम्बन्ध में परिचित नहीं कराया गया था। इसीलिए वह रहमत के प्रश्न को ठीक से नहीं समझ पाती थी, फिर भी प्रश्न का कुछ-न-कुछ उत्तर दिये बिना चुप रह जाना उसके स्वभाव के बिलकुल विपरीत था। वह उलटकर पूछती, "तुम ससुराल जाओगे?"

रहमत काल्पनिक ससुर के प्रति घूँसा तानकर कहता, "मैं ससुर को मारूँगा।"

सुनकर मिनी 'ससुर' नामक किसी एक अपरिचित जीव की *दुरवस्था*[1] की कल्पना करके ख़ूब हँसती।

(2)

शुभ्र शरत्काल था। प्राचीनकाल में राजे-महाराजे इसी ऋतु में दिग्विजय के लिए निकलते थे। मैं कलकत्ता छोड़कर कभी कहीं नहीं गया, किन्तु इसी से मेरा मन पृथ्वी-भर चक्कर काटता फिरता है। मैं मानो अपने घर के कोने में *चिर-प्रवासी*[2] होऊँ, बाहर के जगत् के लिए मेरा मन सदा व्याकुल रहता है। विदेश का कोई नाम सुनते ही मेरा मन दौड़ पड़ता है, उसी प्रकार विदेशी व्यक्ति को देखते ही नदी-पर्वत-अरण्य के बीच कुटी का दृश्य मन में उदित होता है और एक उल्लासपूर्ण स्वाधीन जीवन-यात्रा की बात कल्पना में साकार हो उठती है।

(3)

दूसरी ओर मैं ऐसा उद्भिज स्वभाव का हूँ कि अपना कोना छोड़कर बाहर निकलते ही सिर पर वज्राघात हो जाता है। इसलिए सुबह अपने छोटे कमरे में मेज के सामने बैठकर इस काबुली वाले के साथ बातचीत करके भ्रमण का मेरा काफी काम हो जाता। दोनों ओर दुर्गम दग्ध रक्तवर्ण उच्च गिरिश्रेणी, बीच में संकीर्ण मरुपथ, भार से लदे उँटों की चलती हुई पंक्ति, साफा बाँधे *वणिक*[3], पथिकों में से कोई पैदल, किसी के हाथ में बल्लम, किसी के हाथ में पुरानी चाल की चकमक-जड़ी बन्दूक। काबुलीवाला मेघ-मन्द्र स्वर में टूटी-फूटी बाङ्ला में अपने देश की बातें कहता और मेरी आँखों के सामने उसकी तसवीर आ जाती।

मिनी की माँ बड़े शंकालु स्वभाव की महिला थीं। रास्ते में कोई आवाज सुनते ही उन्हें लगता, दुनिया के सारे पियक्कड़ उन्हीं के घर को लक्ष्य बनाकर दौड़े चले आ रहे हैं। यह पृथ्वी सर्वत्र चोर, डकैत, शराबी, साँप, बाघ, मलेरिया, शूककीट, तिलचट्टों और गोरों से परिपूर्ण है। इतने दिन (बहुत अधिक दिन नहीं) धरती पर वास करने पर भी यह *विभीषिका*[4] उनके मन से दूर नहीं हुई थी।

---

1. बुरी दशा। 2. बहुत दिनों का निवासी। 3. व्यापारी। 4. भयानक डर।

रहमत काबुलीवाले के सम्बन्ध में वे पूर्णरूप से *नि:संशय*[1] नहीं थीं। उस पर विशेष दृष्टि रखने के लिए उन्होंने मुझसे बार-बार अनुरोध किया था। उनके सन्देह को मेरे हँसकर उड़ा देने के प्रयत्न करने पर उन्होंने मुझसे एक-एक करके कई प्रश्न पूछे, "क्या कभी किसी के बच्चे चुराये नहीं जाते? काबुल देश में क्या दास-व्यवसाय प्रचलित नहीं है? क्या एक *भीमकाय*[2] काबुली के लिए एक छोटे-से बच्चे को चुरा ले जाना नितान्त असम्भव है?"

मुझे स्वीकार करना पड़ा, बात असम्भव हो, ऐसा तो नहीं, किन्तु अविश्वसनीय है। पर विश्वास करने की शक्ति सबमें समान नहीं होती, इसीलिए मेरी पत्नी के मन में भय बना रहा। किन्तु, मैं इस कारण निर्दोष रहमत को अपने घर आने से मना न कर सका।

प्रतिवर्ष माघ के महीने के बीचोंबीच रहमत अपने देश चला जाता। उस समय कोलकाता में वह अपना सारा उधार रुपया वसूल करने में बहुत व्यस्त रहता। दूर-दूर घूमना पड़ता, पर फिर भी वह मिनी को एक बार दर्शन दे जाता। देखने पर सचमुच ऐसा लगता, मानो दोनों में कोई षड्यन्त्र चल रहा हो। जिस दिन वह सवेरे न आ पाता, उस दिन देखता कि वह सन्ध्या को आ पहुँचा है। अँधेरे में कमरे के कोने में ढीला-ढाला कुरता-पायजामा पहने, झोला-झोली वाले उस लम्बे आदमी को देखने पर मन में सचमुच ही अचानक एक आशंका उठने लगती। किन्तु, जब देखता कि मिनी 'काबुलीवाले, ओ काबुलीवाले' कहती हँसती हुई दौड़ी चली आती है एवं उन दो असमान अवस्था वाले मित्रों में पुराना सरल परिहास चलता रहता है, तो मन प्रसन्नता से भर उठता।

एक दिन सवेरे मैं अपने कमरे में बैठा प्रूफ-संशोधन कर रहा था। विदा होने के पहले आज दो-तीन दिन से जाड़ा ख़ूब कँपकँपा रहा था, चारों ओर एकाएक सीत्कार मच गयी थी। जंगले को पार करके सुबह की धूप टेबिल के नीचे आकर मेरे पैरों पर पड़ रही थी, उसकी गरमाहट बड़ी मीठी लग रही थी। लगता है, आठ बजे का समय रहा होगा, सिर पर *गुलूबन्द*[3] लपेटे तड़के टहलने वाले प्राय: सभी सवेरे की सैर पूरी करके घर लौट आये थे। तभी सड़क पर जोर का हल्ला सुनायी पड़ा। आँख उठायी तो देखा दो पहरेदार अपने रहमत को बाँधे लिये आ रहे हैं। उसके पीछे तमाशबीन लड़कों की टोली चली आ रही है। रहमत के शरीर तथा कपड़ों पर खून के दाग़ हैं और एक पहरेदार के हाथ में खून से सना छुरा है। मैंने दरवाजे के बाहर आकर पहरेदारों को रोककर पूछा, "मामला क्या है?"

कुछ उनसे, कुछ रहमत से सुनकर मालूम हुआ कि हमारे एक पड़ोसी ने

---

1. सन्देह रहित। 2. भयानक। 3. मफ़लर, ऊनी टोपी।

रामपुरी चादर के लिए रहमत से कुछ रुपया उधार लिया था। उसने झूठ बोलकर रुपया देने से इनकार कर दिया और इसी बात को लेकर कहा-सुनी करते-करते रहमत ने उसको छुरा भोंक दिया।

रहमत उस झूठे को लक्ष्य करके भाँति-भाँति की *अश्रव्य*[1] गालियाँ दे रहा था। तभी 'काबुलीवाले, ओ काबुलीवाले' पुकारती हुई मिनी घर से निकल आयी।

पलक मारते रहमत का चेहरा कौतुकपूर्ण हँसी से प्रफुल्लित हो उठा। उसके कन्धे पर आज झोली नहीं थी, इसलिए झोली के सम्बन्ध में उनकी नियमित चर्चा नहीं चल सकी। मिनी ने छूटते ही उससे पूछा, "तुम ससुराल जाओगे?"

रहमत ने हँसकर कहा, "वहीं जा रहा हूँ।"

देखा, उत्तर मिनी को विनोदपूर्ण नहीं लगा, तब वह अपने हाथ दिखाकर बोला, "ससुर को मारता, पर क्या करूँ हाथ बँधे हैं।"

घातक प्रहार करने के अपराध में रहमत को कई वर्ष की जेल हो गयी।

उसकी बात क़रीब-क़रीब भूल गया। हम जिस समय घर में बैठकर सदा के समान नित्य नियमित काम एक के बाद एक दिन काट रहे थे, उस समय एक स्वाधीन *पर्वतचारी*[2] पुरुष कारा-प्राचीर में किस प्रकार वर्ष बिता रहा था, यह बात हमारे मन में उठी भी नहीं।

और, चंचलहृदया मिनी का आचरण तो अत्यन्त लज्जाजनक था, यह उसके पिता को भी स्वीकार करना पड़ेगा। उसने स्वच्छन्दतापूर्वक अपने पुराने मित्र को भुलाकर पहले तो नबी सईस के साथ मित्रता स्थापित किया। बाद में धीरे-धीरे ज्यों-ज्यों उसकी उम्र बढ़ने लगी, त्यों-त्यों सखा के बदले एक-एक करके सखियाँ जुटने लगीं। यही नहीं, अब वह अपने पिता के लिखने-पढ़ने के कमरे में भी नहीं दिखायी पड़ती थी। मैंने तो उसके साथ एक प्रकार से कुट्टी ही कर ली थी।

न जाने कितने वर्ष बीत गये। और एक शरत्काल आया। मेरी मिनी का विवाह-सम्बन्ध निश्चित हो गया। पूजा की छुट्टियों में उसका विवाह होगा, कैलाशवासिन के साथ-साथ मेरे घर की आनन्दमयी भी पितृ-भवन में अँधेरा करके पतिगृह चली जायेगी।

अत्यन्त *सुहावना*[3] प्रभात था। वर्षा के बाद शरत् की नयी धुली धूप ने जैसे सुहागे में गलाये हुए निर्मल सोने का-सा रंग धार लिया हो। यही नहीं, कलकत्ता की गलियों के भीतर के घुटनदार जर्जर ईंटों वाले सटे हुए मकानों पर भी इस

---

1. न सुनने योग्य। 2. पर्वत पर चलने वाला। 3. अच्छा लगने वाला।

धूप की आभा ने एक अपूर्व लावण्य बिखेर दिया था।

आज मेरे घर में रात बीतते-न-बीतते ही शहनाई बज उठी थी। वह बाँसुरी मानो मेरे हृदय के अस्थिपिंजर में से क्रन्दन करती बज रही हो। करुणा भैरवी रागिनी मेरी आसन्न वियोग-व्यथा को शरद् की धूप के साथ समस्त संसार में व्याप्त कर रही थी। आज मेरी मिनी का विवाह था।

सवेरे से ही बड़ी भीड़-भाड़ थी, लोग आ-जा रहे थे। आँगन में बाँस बाँध कर *मण्डप*[1] ताना जा रहा था। घर के कमरों और बरामदों में झाड़ टाँगने की ठक्-ठक् आवाज हो रही थी, शोर-गुल का अन्त न था।

मैं अपने लिखने के कमरे में बैठा हिसाब देख रहा था, तभी रहमत आकर सलाम करके खड़ा हो गया।

पहले तो मैं उसे पहचान ही न सका। न तो उसके पास वह झोली थी, न उसके वे लम्बे बाल थे, और न उसकी देह में पहले-जैसा तेज था। आखिर उसकी हँसी देखकर उसे पहचाना।

मैंने कहा, "क्यों रे रहमत, कब आया?"

उसने कहा, "कल शाम को जेल से छूटा हूँ।"

बात सुनकर कानों में जैसे खटका हुआ। कभी किसी खूनी को प्रत्यक्ष नहीं देखा था, इसे देखकर सारा अन्तःकरण जैसे संकुचित हो गया। मन हुआ, आज के इस शुभ दिन पर यह आदमी यहाँ से चला जाता तो अच्छा होता।

मैंने उससे कहा, "आज हमारे घर में एक काम है, मैं कुछ व्यस्त हूँ, आज तुम जाओ!"

बात सुनते ही वह तत्काल चले जाने को उद्यत हुआ, अन्त में दरवाजे के पास पहुँचकर थोड़ा इधर-उधर देख करके बोला, "क्या एक बार मिनी को नहीं देख सकूँगा?"

कदाचित् उसे विश्वास था, मिनी अब भी वैसी ही होगी। मानो उसने सोचा हो, मिनी अब भी पहले की ही भाँति 'काबुलीवाले, ओ काबुलीवाले' कहती दौड़ी आयेगी। उनकी उस अत्यन्त उत्सुकतापूर्ण पुरानी हँसी-विनोद की बातों में किसी प्रकार का अन्तर नहीं होगा। यही नहीं, पुरानी मित्रता का स्मरण करके वह शायद अपने किसी स्वदेशीय मित्र से माँग-जाँचकर एक डिब्बा अँगूर और कागज के ठोंगे में थोड़े-से किशमिश-बादाम जुटा लाया था। उसकी वह अपनी झोली अब नहीं थी।

---

1. विवाह स्थल का छप्पर।

मैंने कहा, "आज घर में काम है, आज और किसी से भेंट न हो सकेगी।"

वह मानो कुछ दुःखी हुआ। चुपचाप खड़े-खड़े एक बार स्थिर दृष्टि से उसने मेरे मुख की ओर देखा, फिर 'सलाम बाबू' कहकर दरवाजे के बाहर चला गया। मुझे अपने मन में न जाने कैसी एक व्यथा का अनुभव हुआ। सोच रहा था कि उसको वापस बुलवा लूँ, तभी देखा कि वह स्वयं लौटा चला आ रहा है।

पास आकर बोला, "ये अंगूर और थोड़े से किशमिश-बादाम मिनी के लिए लाया था, दे दीजिएगा।"

उन्हें लेकर दाम देने के लिए मेरे तैयार होते ही उसने तुरन्त मेरा हाथ कसकर पकड़ लिया। बोला, "आपकी बड़ी कृपा है, मुझे सदा याद रहेगी। मुझे पैसा मत दीजिए। बाबू, जिस तरह तुम्हारे एक लड़की है, उसी तरह देश में मेरे भी एक लड़की है। मैं उसी का चेहरा याद करके तुम्हारी मिनी के लिए थोड़ी-बहुत मेवा लेकर आया हूँ, सौदा करने नहीं।"

यह कहते हुए उसने अपने ढीले-ढाले कुरते में हाथ डालकर कहीं छाती के पास से मैले कागज का एक टुकड़ा निकाला और बड़े यत्न से उसकी तह खोलकर दोनों हाथों से मेरी टेबिल पर बिछा दिया।

देखा, कागज पर किसी नन्हे हाथ की छाप थी। फोटोग्राफ नहीं, तैलचित्र नहीं, हाथ में थोड़ी-सी कालिख लगाकर कागज के ऊपर उसकी छाप ले ली गयी थी। कन्या के इस *स्मरण-चिह्न*[1] को छाती से लगाये रहमत हर साल कोलकाता की सड़कों पर मेवा बेचने आता, मानो उस सुकोमल नन्हे शिशुहस्त का स्पर्शमात्र उसके विराट् विरही वक्ष में सुधा-संचार करता रहता हो।

देखकर मेरी आँखें छलछला आयीं। वह एक काबुली मेवावाला है और मैं एक सम्भ्रान्तवंशीय बंगाली। उस समय मैं भूल गया। उस समय मैंने समझा कि जो वह है, वही मैं हूँ। वह भी पिता है, मैं भी पिता हूँ। उसकी पर्वत-गृहवासिनी नन्ही पार्वती की उस हस्तछाप ने मुझे भी अपनी मिनी का स्मरण दिला दिया। मैंने तत्काल उसे भीतर से बुलवाया। अन्तःपुर में इस बात पर बहुत-सी आपत्तियाँ की गयीं, किन्तु मैंने उन पर कोई ध्यान न दिया। *लाल चेली*[2] पहने, माथे पर चन्दन लगाये, वधूवेशिनी मिनी सलल्ज भाव से मेरे पास आकर खड़ी हो गयी।

उसको देखकर पहले तो काबुलीवाला सकपका गया, अपना पुराना वार्तालाप नहीं जमा पाया। अन्त में हँसकर बोला, "मिनी, तू ससुराल जायेगी?"

---

1. यादगारी निशानी। 2. बंगाली प्रथानुसार विवाह के अवसर पर वधू को लाल रेशमी वस्त्र पहनाया जाता है, जिसे चेली कहते हैं।

मिनी अब ससुराल का अर्थ समझती थी। इस समय वह पहले के समान उत्तर नहीं दे सकी। रहमत का प्रश्न सुनकर लज्जा से लाल होकर मुँह फेरकर खड़ी हो गयी। जिस दिन काबुलीवाले से मिनी की पहले भेंट हुई थी, मुझे उस दिन की बात याद हो आयी। मन न जाने कैसा *व्यथित*[1] हो उठा।

मिनी के चले जाने पर गहरी साँस लेकर रहमत ज़मीन पर बैठ गया। अचानक उसकी समझ में साफ आ गया कि उसकी पुत्री भी इसी तरह बड़ी हो गयी होगी। उसके साथ भी नया परिचय करना होगा। वह उसे बिलकुल पहले जैसी नहीं मिलेगी। इन आठ वर्षों में उस पर क्या बीती होगी, यह भी भला कौन जानता है। सवेरे के समय शरत्कालीन स्निग्ध सूर्य की किरणों में शहनाई बजने लगी, रहमत कोलकाता की किसी गली में बैठकर अफगानिस्तान के किसी मरुपर्वत का दृश्य देखने लगा।

मैंने एक नोट निकालकर उसे दिया। कहा, "रहमत! तुम अपनी लड़की के पास अपने देश लौट जाओ, तुम्हारा मिलन-सुख मेरी मिनी का कल्याण करे।"

इन रुपयों का दान करने के कारण हिसाब में से उत्सव-समारोह के दो-एक अंग छाँट देने पड़े। जैसी सोची थी, बिजली की वैसी रोशनी नहीं की जा सकी। फौजी बैण्ड भी न आ सका। अन्तःपुर में स्त्रियाँ बड़ा असन्तोष प्रकट करने लगीं, किन्तु मंगल-आलोक से मेरा शुभ-उत्सव उज्ज्वल हो उठा।

शिक्षा

सबकी बेटी एक जैसी प्रिय होती है। चाहे वह अमीर हो या गरीब हो।

सन्देश

➤ क्रोध में आपा नहीं खोना चाहिए।

➤ किसी पर भी बिना जाने-समझे व्यर्थ की शंका उचित नहीं है।

➤ हम किसी भी देश के निवासी हों, मानवीय भावनाएँ समान होती है।

---

1. दुखी।

शरत् चन्द्र चटोपाध्याय

जन्म: 15 सितम्बर 1876
मृत्यु: 16 जनवरी 1938

बँगला भाषा के महान् साहित्यकार शरत् चन्द्र का जन्म पश्चिम बंगाल में हुगली जिले के देवनन्द पुर गाँव में सन् 15 सितम्बर 1876 में हुआ था। वे अत्यन्त गरीबी में पैदा हुए थे। उनके परिवार को आर्थिक रूप से अन्य सदस्यों से मदद मिलती थी।

पैसे (धन) के अभाव में इनके पिता ने देवनन्द पुर वाले घर को 225 रुपये में बेच दिया, जिसके कारण इन्हें स्कूल भी छोड़ना पड़ा। इसके बाद इनके पूरे परिवार को बिहार प्रान्त के भागलपुर शहर में आना पड़ा। शरत् चन्द्र ने 1894 में मैट्रिक शिक्षा तेजनारायण जयन्ती कालेज भागलपुर में शुरू की। यहाँ इनका सम्पर्क ऐसे लोगों से हुआ, जिन्होंने इनके लेखन को प्रभावित किया, जैसे- अनुपमा (जो बाद में निरुपमा देवी के नाम से प्रसिद्ध हुईं), इनके भाई विभूतिभूषण भट्ट और राजेन्द्रनाथ मजूमदार।

इनके पिता भी लेखक थे, उन्होंने भी बहुत कुछ लिखा था, किन्तु वह प्रकाशित नहीं हो सका। अपने पिता के लेखन कार्य से शरत् चन्द्र को बहुत प्रेरणा मिली। 1894 में बच्चों की एक हस्तलिखित पत्रिका 'शिशु' में इनकी दो

कहानियाँ-'काक भाषा' और 'काशीनाथ' प्रकाशित हुईं। इसी बीच दुर्भाग्यवश 1895 में इनकी माँ का देहान्त हो गया। शरत् चन्द्र वैसे तो जीविका के लिए छोटे-मोटे काम करते रहे, किन्तु पिता से अनबन होने के कारण घर त्याग दिया और नागा साधुओं के समाज में शामिल हो गये। तथा मुजफ्फर पुर (बिहार) चले गये।

सन् 1902 में उनके पिता की मृत्यु होने पर अन्तिम-संस्कार के लिए भागलपुर लौटे। वहाँ से वे कोलकाता चले आये और 30 रुपये मासिक वेतन पर नौकरी शुरू की। किन्तु एक वर्ष बाद अर्थात् 1903 में बर्मा की राजधानी रंगून और वहाँ से म्यांमार चले गये। इसके पूर्व अपने चाचा सुरेन्द्रनाथ के अनुरोध पर एक प्रतियोगिता के लिए इन्होंने अपनी एक कहानी 'मन्दिर' भेजा और उन्हें प्रथम पुरस्कार मिला। इस कहानी को बाद में (1904 में) शरत् चन्द्र ने अपने चाचा के नाम से ही प्रकाशित कराया। इसके अतिरिक्त अपनी बड़ी बहन अनिला देवी और अनुपमा के नाम से भी 'यमुना' नामक पत्रिका में अनेक कहानियाँ छपवायीं।

शरत् चन्द्र ने 1906 में शान्ति देवी से विवाह किया। सन् 1907 में इन्हें एक पुत्र भी हुआ, किन्तु दोनों की मृत्यु 1908 में प्लेग के कारण हो गयी। 1910 ई. में 'मोक्षदा' नामक विधवा से उन्होंने दूसरा विवाह किया, जिसका नाम बदल कर 'हिरण्यमयी' रखा।

काफी संघर्षपूर्ण जीवन व्यतीत करने वाले शरत् चन्द्र ने कोलकाता में 1916 में लोकलेखा विभाग में स्थायी रोजगार प्राप्त किया और वहीं रहकर नियमित रूप से लेखन कार्य जारी रखा। शरत् चन्द्र की एक लम्बी कहानी 'बड़ी दीदी' दो किश्तों में 'भारती' पत्रिका में प्रकाशित हुई। इसके साथ ही वे एक उल्लेखनीय उपन्यासकार के रूप में विख्यात् हो गये। वे बँगला उपन्यासकार बँकिमचन्द्र से काफी प्रभावित थे।

शरत् चन्द्र की कहानियाँ उनके बारे में स्वयं बोलती हैं। अत्यन्त गरीबी में पलने के बावजूद उनके लेखन स्तर में अत्यन्त उत्कृष्टता और उच्चता है। उनकी रचनाएँ कहानी के पात्र व परिवेश के इर्दगिर्द ही घूमती हैं। शरत् चन्द्र 20वीं सदी के अग्रणी बँगला लेखक रहे हैं। इनकी रचनाओं का दूसरी भाषाओं में भी अनुवाद किया गया तथा फिल्में भी बनायी गयीं। 1936 ई. में ढाका विश्वविद्यालय ने उन्हें डी.लिट की मानद डिग्री प्रदान की।

16 जनवरी 1938 ई को 61 वर्ष की आयु में कोलकाता के पार्क नर्सिंग होम में कैंसर की बीमारी के कारण उनका निधन हो गया। पूरा बंगाल उनके शोक में डूब गया।

रचनाएँ: शरत् चन्द्र ने अनेक उपन्यास और निबन्ध लिखे, जिनमें से निम्नलिखित हैं-

उपन्यास: देवदास, परिणीता, विराजबहू, श्रीकान्त, बड़ी बहन, पाली समाज, चरित्रहीन आदि।

2

बाल्य-स्मृति

शरत् चन्द्र चटर्जी (चटोपाध्याय) अपनी कहानियों और उपन्यासों में स्वयं को ही बोलते हैं। वे गरीबी में जन्मे, बढ़े और पले। शरत् चन्द्र ऐसे बँगला लेखक थे, जो गरीबी की मार झेलने के बावजूद अपनी रचनात्मक प्रतिभा से पूरे देश में उभर आये और एक श्रेष्ठ बँगला रचनाकार के रूप में प्रसिद्ध हुए। उनकी रचनाएँ निजी अनुभव की देन हैं। उनकी रचनाओं का अनेक भाषाओं में अनुवाद हुआ।

(1)

नामकरण-संस्करण के समय या तो मैं ठीक तौर से तैयार नहीं हो पाया था या फिर बाबा का ज्योतिष-शास्त्र में विशेष *दख़ल*[1] न था, किसी भी कारण से हो, मेरा नाम 'सुकुमार' रखा गया। बहुत दिन न लगे, दो ही चार साल में बाबा समझ गये कि नाम के साथ मेरा कोई मेल नहीं मिलता। अब मैं बारह-तेरह वर्ष बाद की बात कहता हूँ। हालाँकि मेरे आत्म-परिचय की सब बातें कोई अच्छी तरह समझ नहीं सके, फिर भी...

सुनिए, हम लोग गँवई-गाँव के रहने वाले हैं। बचपन से ही मैं वहीं रहता आया हूँ। पिता जी पछाँह में नौकरी करते थे। मेरा वहाँ बहुत कम जाना होता था, नहीं के बराबर। मैं दादी के पास गाँव ही में रहा करता। घर में मेरे *ऊधम*[2] की कोई हद न थी। एक वाक्य में कहा जाये, तो यूँ कहना चाहिए कि मैं एक छोटा-सा रावण था। बूढ़े बाबा जब कहते, 'तू कैसा हो गया है? किसी की बात ही नहीं मानता। अब मैं तेरे बाप को चिट्ठी लिखता हूँ।' तो मैं जरा हँसकर कहता, 'बाबा! वे दिन अब लद गये, बाप की तो चलायी क्या, अब मैं बाप के बाप से भी नहीं डरता।' और कहीं दादी मौजूद रहतीं, तो फिर डरने ही क्यों लगा। बाबा को ही वे कहतीं, 'क्यों, कैसा जवाब मिला? और छेड़ोगे उसे?'

बाबा अगर नाराज़ होकर बाबू जी को चिट्ठी भी लिखते, तो उसी वक़्त उनकी अफीम की डिबिया दुबका देता, फिर जब तक उनसे चिट्ठी फड़वाकर फिंकवा न देता, तब तक अफीम की डिबिया न निकालता। इन सब *औठ-पाँवों*[3] के डर से, खासकर नशे की *तलब*[4] में *खलल*[5] पड़ जाने से, फिर वे मुझसे कुछ नहीं कहते। मैं भी मौज करता।

---

1. अधिकार, ज्ञान, जानकारी। 2. धमाचौकड़ी, शैतानी। 3. चालबाजियों।
4. इच्छा, चाहत। 5. विघ्न, बाधा।

पर सभी सुखों की आख़िर एक सीमा है। मेरे लिए भी वही हुआ। बाबा के चचेरे भाई गोबिन्द बाबू इलाहाबाद में नौकरी करते और वहीं रहते थे। अब वे पेंशन लेकर गाँव में आकर रहने लगे। उनके नाती श्रीमान् रजनीकान्त भी बी.ए. पास करके उनके साथ आये। मैं उन्हें 'सँझले भइया' कहता। पहले मुझसे उनका विशेष परिचय नहीं था। वे इस तरह बहुत कम आते थे और उनका मकान भी अलग था। कभी आते भी, तो मेरी ओर ज्यादा ध्यान नहीं देते। कभी सामना हो जाता, तो 'क्यों रे, क्या करता है, क्या पढ़ता है' के सिवा और कुछ नहीं कहते।

अबकी बार जो वे आये, तो गाँव में जमकर बैठे और मेरी ओर ज़्यादा ध्यान देने लगे। दो-चार दिन की बातचीत से ही उन्होंने मुझे ऐसा बस में कर लिया कि उन्हें देखते ही मुझे डर-सा हो जाता, मुँह सूख जाता, छाती धड़कने लगती, जैसे मैंने कोई भारी *कसूर*[1] किया हो और उसकी न जाने कितनी सज़ा मिलेगी!...और इसमें तो कोई शक ही न था कि उन दिनों मुझसे अकसर क़सूर हुआ करता। हर वक़्त कुछ-न-कुछ शरारत मुझसे होती ही रहती। दो-चार करने के काम और दो-चार औठ-पाँव किये बिना मुझे चैन कहाँ?

इतना डरने पर भी भइया को मैं चाहता खूब था। भाई-भाई को इतना मान सकता है, यह मुझे पहले मालूम नहीं था। वे भी मुझे खूब प्यार करते थे। उनके निकट भी मैं कितनी ही शरारतें, कितने ही कसूर करता था, किन्तु वह कुछ कहते नहीं थे और कुछ कहते भी, तो मैं समझता कि बड़े भइया ठहरे, थोड़ी देर बाद भूल जायेंगे, उन्हें याद थोड़े ही रहता है।

अगर वह चाहते, तो शायद मुझे सुधार सकते, पर उन्होंने कुछ भी नहीं किया। उनके देश आ जाने से मैं पहले की तरह स्वाधीन तो न रहा, पर फिर भी जैसा हूँ, मज़े में हूँ।

रोज बाबा की तम्बाकू चुराकर पी जाता। बूढ़े बाबा कभी खाट के सिरहाने, कभी तकिये की खोली के भीतर, कभी कहीं, कभी कहीं, तम्बाकू छिपा रखते, पर बन्दा ढूँढ़-ढाँढ़कर निकाल ही लेता और पी जाता। खाता-पीता मस्त रहता, मौज से कटती। कोई झँझट नहीं, पढ़ना-लिखना तो एक तरह से छोड़ ही दिया समझो। बाग में जाकर चिड़ियाँ मारता, गिलहरियाँ मारकर भूनकर खाता, जंगल में जाकर गड्ढों-गड्ढों में खरगोश ढूँढ़ता फिरता, यही मेरा काम था। न किसी का कोई डर, न कोई *फ़िकर*[2]।

पिता जी बक्सर में नौकरी करते। वहाँ से न मुझे वे देखने आते और न मारने आते। बाबा और दादी का हाल मैं पहले ही कह चुका हूँ। *लिहाजा*[3] एक वाक्य

---

1. अपराध। 2. चिन्ता। 3. अन्ततः।

में यूँ कहना चाहिए कि 'मैं मज़े में था।'

एक दिन दोपहर को घर आकर दादी के मुँह से सुना कि मुझे *सँझले*[1] भइया के साथ कोलकाता में रहकर पढ़ना-लिखना पड़ेगा। आराम से भरपेट खा-पीकर हुक्का भरकर मैं बाबा के पास पहुँचा और बोला, "बाबा, मुझे कोलकाता जाना पड़ेगा?"

बाबा ने कहा, "हाँ।"

मैंने पहले ही सोच रखा था कि यह सब बाबा की चालाकी है। इसलिए कहा, "यदि जाऊँगा, तो आज ही जाऊँगा।"

बाबा ने हँसते हुए कहा, "इसके लिए चिन्ता क्यों करते हो बेटा? रजनी आज ही कोलकाता जायेगा। मकान ठीक हो गया है, सो आज ही तो जाना होगा।"

मैं आग-बबूला हो उठा। एक तो उस दिन बाबा की छिपायी हुई तम्बाकू ढूँढ़ने पर भी नहीं मिली, जो एक चिलम मिली थी वह मेरी एक फूँक के लिए भी नहीं थी, उस पर यह चालाकी! परन्तु मैं ठगा गया था। अपने-आप *कबूल*[2] करके, फिर पीछे कैसे हटूँ? लिहाज़ा उसी दिन मुझे कोलकाता के लिए रवाना होना पड़ा। चलते वक़्त बाबा के पैर छुए और मैं मन-ही-मन बोला-भगवान् करें, कल ही तुम्हारे क्रिया-कर्म में घर लौट आऊँ। उसके बाद फिर मुझे कौन कोलकाता भेजता है, देख लूँगा।

कोलकाता में मैं पहले-पहल ही आया। इतना बड़ा शहर मैंने पहले कभी नहीं देखा था। मैंने मन-ही-मन सोचा, अगर मैं गंगा की छाती पर तैरते हुए इस लकड़ी-लोहे के पुल पर ऐसी भीड़ में, या वहाँ जहाँ झुण्ड-के-झुण्ड मस्तूलवाले बड़े-बड़े जहाज खड़े हैं, खो गया तो फिर कभी घर पहुँच सकूँगा, इसकी कोई उम्मीद ही नहीं। कोलकाता मुझे ज़रा भी अच्छा नहीं लगा। इतनी *दहशत*[3] में भला कोई चीज अच्छी लग सकती है? आगे कभी लगेगी, इसका भी भरोसा नहीं कर सका।

कहाँ गया हमारा वह नदी का किनारा, वे बाँसों के *भिड़े*[4] बेल के झाड़, मित्र, परिवार के बगीचे के कोने का वह अमरूद, कुछ भी तो नहीं है। यहाँ तो सिर्फ बड़े-बड़े ऊँचे मकान, गाड़ी-घोड़े, आदमियों का भीड़-भड़क्का, लम्बी-चौड़ी सड़कें ही दिखायी देती हैं, मकान के पीछे ऐसा एक बाग-बगीचा भी तो नहीं, जहाँ छिपकर एक चिलम तम्बाकू पी सकूँ। मुझे रोना आ गया। आँसू पोंछकर मन-ही-मन कहने लगा, भगवान् ने जीवन दिया है, तो भोजन भी वे ही देंगे, जिसने दिया है तन को, वही देगा *कफन*[5] को।'

---

1. उम्र में क्रम से तीसरे नं. के छोटे भाई 2. स्वीकार। 3. भय, डर।
4. बँसवारी, बाँसों के एक-दूसरे से सटे हुए झाड़। 5. मुर्दे को ढकने का कपड़ा।

कोलकाता आया हूँ, स्कूल में भरती किया गया हूँ, अच्छी तरह पढ़ता-लिखता हूँ, लिहाजा आजकल मैं 'अच्छा लड़का' हो गया हूँ। गाँव में ज़रूर मेरा नाम खूब उछला था। ख़ैर, उस बात को जाने दो।

भइया के आत्मीय मित्रों ने मिलकर एक 'मेस' बना लिया है, जिसमें हम चार आदमी रहते हैं-भइया, मैं, राम बाबू और जगन्नाथ बाबू। राम बाबू और जगन्नाथ बाबू सँझले भइया के मित्र हैं। इसके सिवा एक नौकर और एक ब्राह्मण रसोइया भी है।

गदाधर रसोइया मुझसे तीन-चार वर्ष बड़ा था। ऐसा भला आदमी मैंने पहले कभी नहीं देखा। मोहल्ले के किसी भी लड़के से मेरी बातचीत नहीं हुई और न किसी से मेल-जोल ही हुआ। मगर गदाधर बिलकुल भिन्न प्रकृति का आदमी होने पर भी, मेरा *अन्तरंग*[1] मित्र हो गया। मेरे साथ उसकी खूब घुटती, कितनी गप-शप उड़ती, इसका कोई ठिकाना नहीं। वह मेदिनीपुर जिले के एक गाँव का रहनेवाला था। वहाँ की बातें और उसका बाल्य-इतिहास आदि मुझे बड़ा अच्छा लगता था। उसके गाँव की बातें मैंने इतनी बार सुनी हैं कि मुझे अगर उसके गाँव में आँखों पर पट्टी बाँधकर अकेला छोड़ दिया जाये, तो शायद मैं तमाम गाँव में और उसके आसपास मज़े में घूम-फिर सकता हूँ। इतवार को मैं उसके साथ किले के मैदान में घूमने जाया करता। शाम को रसाईघर में बैठकर '*कोट-पीस*'[2] खेला करता। रोटी खाने के बाद *चौका*[3] उठ जाने पर उसके छोटे हुक्के से दोनों मिलकर तम्बाकू पी लिया करते। सभी काम हम दोनों मिलकर एक साथ करते। मोहल्ले-पड़ोस में और किसी से मेरी जान-पहचान नहीं हुई। मेरा तो साथी-संगी, यार-दोस्त, गाँव का भोला, मुन्नी, लल्लू, जो कुछ है, सब वही है। उसके मुँह से मैंने कभी, 'छोटे मुँह बड़ी बात' नहीं सुनी। झूठ-मूठ ही सब उसका निरादर करते। इससे मेरा जी जलने लगता, पर वह अपनी जबान से कभी किसी को जवाब न देता, जैसा वास्तव में वह दोषी ही हो।

सबको खिला-पिलाकर सबसे पीछे जब वह रसोईघर के एक कोने में छिपकर छोटी-सी पीतल की थाली में खाने बैठता, तो मैं हजार काम छोड़कर वहाँ पहुँच जाता। बेचारे की *तकदीर*[4] ही ऐसी थी कि पीछे से उसके लिए कुछ बचता न था और तो क्या, भात तक कम पड़ जाता और किसी के खाने के समय मैं कभी उपस्थित नहीं रहा, परन्तु ऐसा तो मैंने कभी नहीं देखा कि मुझे खाते वक्त रोटी, दाल, भात, घी, तरकारी कम पड़ी हो। इससे मुझे बड़ा बुरा मालूम होता था।

---

1. घनिष्ठ, प्रगाढ़। 2. ताश के पत्तों का एक खेल। 3. भोजन कार्यक्रम समाप्त हो जाने पर। 3. भाग्य।

छोटेपन में मैंने दादी के मुँह से सुना है, वे मेरे लिए कहा करती थीं, 'लड़का आधा पेट खा-खाकर सूख के काँटा हो गया है, कैसे बचेगा?' मगर मैं दादी-कथित 'भर-पेट' कभी नहीं खा सकता था। सूख जाऊँ, चाहे काँटा हो जाऊँ, मुझे 'आधा पेट' खाना ही अच्छा लगता था। अब कोलकाता आने के बाद समझा कि उस आधे पेट और इस आधे पेट में कितना अन्तर है! इस बात का मुझे कभी अनुभव नहीं हुआ कि किसी को भर पेट खाना न मिले, तो आँखों में आँसू आ जाते हैं। पहले मैंने न जाने कितनी बार बाबा की थाली में पानी डालकर उन्हें खाने नहीं दिया है, दादी के ऊपर कुत्ते के बच्चे को छोड़कर उन्हें नहाने-धोने के लिए बाध्य किया है, फिर उनका खाना नहीं हुआ, मगर उनके लिए मेरी आँखों में आँसू कभी नहीं आये। दादी, बाबा अपने घर के लोग, मेरे पूज्य, जो मुझे खूब प्यार करते थे, उनके लिए मुझे कभी दुख नहीं हुआ, बल्कि जान-बूझकर उन्हें अध-भूखा और बिलकुल भूखा रखकर मुझे परम सन्तोष हुआ है और इस गदाधर को देखो, न *कुनबे*[1] का, न *गोत*[2] का, इसके लिए मेरी आँखों में बिना बुलाये पानी आ जाता है।

कोलकाता आकर मुझे यह हो क्या गया, मेरी कुछ समझ में नहीं आता। आखिर आँखों में इतना पानी आता कहाँ से है, कुछ पता नहीं। मुझे किसी ने रोते कभी नहीं देखा। किसी बात पर ज़िद पकड़ जाने पर पाठशाला के पण्डित जी ने मेरी पीठ पर साबुत-की-साबुत खजूर की छड़ियाँ तोड़ दी हैं, फिर भी वे मुझे कभी रुला नहीं सके। लड़के कहते, 'सुकुमार की देह पत्थर की है।' मैं मन-ही-मन कहता, 'देह नहीं, बल्कि मन पत्थर का है। मैं नन्हें बच्चे की तरह रोने नहीं लगता।' दरअसल रोने में मुझे बड़ी शरम मालूम होती थी, अब भी होती है, पर अब सम्हाले सम्हालता नहीं। छिपकर, जहाँ कोई देख न सके, रो लिया करता हूँ। जरा रोकर चटपट आँखें पोंछ-पाँछके सम्हल जाता हूँ। जब स्कूल जाता हूँ, तो रास्ते में सैकड़ों भिखारी भीख माँगते नजर आते हैं। किसी के हाथ नहीं हैं, किसी के पैर नहीं हैं, कोई अन्धा है, इस तरह न जाने कितने तरह के दुखी देखता हूँ। मैं तो जो तिलक लगाकर खंजरी बजाकर जो 'जय राधे' कहकर भीख माँगते हैं, उन्हें ही जानता था, फिर ये सब भिखारी किस तरह के हैं। मैं भीतर-ही-भीतर बहुत ही दुखी होकर कहता, 'भगवान्, इन्हें मेरे गाँव में भेज दो।'

खैर, अभागे भिखारियों की बात जाने दो, अब मैं अपनी बात कहता हूँ। देखते-देखते आँखें इसकी आदी हो गयीं, पर मैं 'विद्यासागर' न बन सका। बीच-बीच में हमारे गाँव की माता सरस्वती न जाने कहाँ से आकर मेरे सिर पर सवार हो जातीं, मैं नहीं कह सकता। उनकी आज्ञा से कभी-कभी मैं ऐसा सत्कर्म

---

1. परिवार। 2. गोत्र, जाति-कुल।

कर डालता था कि अब भी मुझे उन सरस्वती जी से नफ़रत हो जाया करती है। डेरे पर किसका कौन-सा अनिष्ट किया जा सकता है, रात-दिन मैं इसी *फ़िकर*[1] में रहता। एक दिन की बात है, राम बाबू ने घण्टे-भर मेहनत करके अपनी धोती चुनकर रखी, वे शाम को घूमने जायेंगे, तब पहनकर जायेंगे। मैंने मौका पाकर, उसे खोलकर सीधा करके रख दिया। शाम को आकर धोती की हालत देखते ही बेचारे तकदीर ठोककर बैठ गये। मेरी खुशी का क्या ठिकाना। फूला नहीं समाया। जगन्नाथ बाबू का ऑफिस जाने का समय हो गया है, जल्दी-जल्दी खा-पीकर किसी तरह ऑफिस तक पहुँचना चाहते हैं। मैंने ठीक मौके से उनकी *अचकन*[2] के बटन काटकर फेंक दिये। स्कूल जाने से पहले जरा झाँककर देख गया, बेचारे चिल्लाकर रोने की तैयारी कर रहे हैं, मैं खुशी के मारे रास्ते-भर हँसता रहा। शाम को ऑफिस से लौटकर बोले, "मेरे बटन *कम्बख्त*[3] गदाधर ने चुराकर बेच डाले हैं, निकाल दो नालायक को।" जगन्नाथ बाबू के बटन-हरण के मामले पर भइया और राम बाबू भी भीतर-ही-भीतर खूब हँसने लगे। भइया ने कहा, "कितने तरह के चोर होते हैं, कोई ठीक है, पर बटन तोड़कर बेच खानेवाला चोर तो आज ही सुना!" जगन्नाथ बाबू भइया की इस चुटकी से और भी आग-बबूला हो गये। बोले, "नालायक ने सवेरे नहीं लिये, शाम को नहीं लिये, रात को नहीं लिये, ठीक ऑफिस जाते वक्त... बदमाशी तो देखो? दुर्गति की हद कर दी।" उन्हें एक काला फटा कुर्ता पहनकर ऑफिस जाना पड़ा।

सब हँस पड़े, जगन्नाथ बाबू को भी हँसना पड़ा, पर मैं नहीं हँस सका। मुझे डर हो गया, कहीं गदाधर को सचमुच ही न निकाल दें। वह बेचारा बिलकुल बेवकूफ है, शायद कुछ कहेगा भी नहीं, चुपचाप सारा कसूर अपने ऊपर ले लेगा, अब?

भइया शायद समझ गये कि किसने बटन लिये हैं। गरीब गदाधर पर कोई जुलम नहीं किया गया। पर, मैंने भी उस दिन से प्रतिज्ञा कर ली कि अब ऐसा काम कभी न करूँगा, जिससे मेरे बदले दूसरे पर कोई आफ़त आये।

ऐसी प्रतिज्ञा मैंने पहले कभी नहीं की और कभी करता भी या नहीं... नहीं कह सकता। सिर्फ़ गदाधर के कारण ही मुझे अपने मार्ग से विचलित होना पड़ा। मुझे उसने मिट्टी कर दिया।

इस बात को कोई नहीं कह सकता कि किस तरह किसका चरित्र सुधर जाता है। पण्डित जी, बाबा और भी कितने ही महाशयों के लाख कोशिश करने पर भी जिस बात की प्रतिज्ञा मैंने कभी नहीं की और न शायद करता, एक गदाधर

---

1. चिन्ता, विचार। 2. कोट। 3. अभागा, बदमाश।

महाराज का चेहरा देखकर उस बात की प्रतिज्ञा कर बैठा। उसके बाद इतने दिन बीत गये, इस बीच में कभी मेरी प्रतिज्ञा भंग हुई या नहीं, मैं नहीं कह सकता। मगर इतना ज़रूर है कि मैंने कभी जान-बूझकर कोई प्रतिज्ञा भंग नहीं की।

अब और एक आदमी की बात कहता हूँ। वह था हम लोगों का नौकर रामा। रामा जाति का कायस्थ या ग्वाला ऐसा ही कुछ था। कहाँ का रहनेवाला था, सो भी मैं नहीं कह सकता। उस जैसा फुर्तीला और होशियार नौकर मेरे देखने में नहीं आया। अगर फिर कभी उससे भेंट हो गयी, तो उसके गाँव का पता जरूर पूछ लूँगा।

सभी कामों में रामा चरखे की तरह घूमता रहता। अभी देखा कि रामा कपड़े धो रहा है, तुरन्त देखता हूँ कि भइया नहाने बैठे हैं, तो वह उनकी पीठ रगड़ रहा है। उसके बाद ही देखा, तो पान लगाने में व्यस्त है। इस तरह, वह हर वक्त दौड़-धूप करता रहता। भइया का वह *फेवरिट*[1], बड़े काम का प्यारा नौकर था, पर मुझे वह देखे न *सुहाता*[2]। उस नालायक के लिए अकसर मुझे भइया से खरी-खोटी सुननी पड़ती। खासकर गदाधर को वह अकसर तंग किया करता। मैं उससे बहुत चिढ़ गया था, मगर इससे क्या होता, वह ठहरा भइया का 'फेवरिट'। राम बाबू भी उसे फूटी आँखों न देख सकते थे। वे उसे 'रूज' (रंगा स्यार) कहा करते थे। उस समय इस शब्द की व्याख्या वे खुद न कर सकते थे, मगर हम यह खूब समझते थे कि रामा दरअसल 'रूज' है। उनके चिढ़ने के कारण थे। मुख्य कारण यह था कि रामा अपने को 'राम बाबू' कहा करता था। भइया भी कभी-कभी उसे 'राम बाबू' कहकर पुकारा करते थे, मगर राम बाबू को यह सब अच्छा न लगता था। खैर, जाने दो इन व्यर्थ की बातों को।

एक दिन शाम को भइया एक नया *लैम्प*[3] खरीद लाये। बहुत बढ़िया चीज थी। करीब पचास-साठ रुपये दाम होंगे। शाम को जब सब घूमने चले गये, तब मैंने गदाधर को बुलाकर उसे दिखाया। गदाधर ने ऐसी 'बत्ती' कभी नहीं देखी थी। वह बहुत ही खुश हुआ और दो-एक बार उसने उसे इधर-उधर करके देखा-भाला। इसके बाद वह अपने काम से चला गया। पर मेरा कुतूहल शान्त नहीं हुआ। मैं उसकी चिमनी खोलकर देखना चाहता था कि कैसे खुलती है। देखूँ कि उसके भीतर कैसी मशीन है। बहुत खोलकर हिलाया-डुलाया, इधर-उधर किया, घुमाने-फिराने की कोशिश की,... पर, खोल न सका, जाँच-पड़ताल के बाद मैंने देखा कि नीचे एक *स्क्रू*[4] है, लिहाजा मैंने घुमाया। घुमा ही रहा था कि चट से उसका नीचे का हिस्सा अलग हो गया और जल्दी में मैं उसे थाम न सका। नतीजा यह हुआ कि उसका शीशा टेबल से नीचे गिरकर चकनाचूर हो गया।

---

1. पसन्दीदा। 2. अच्छा लगना। 3. लालटेन। 4. पेंच।

(2)

उस दिन बहुत रात बीते मैं लौटा, पर आकर देखा, वहाँ बड़ी हाय-तौबा मची हुई है। गदाधर को चारों तरफ से घेरकर सब लोग बैठे हैं। गदाधर से *जिरह*[1] की जा रही है। भइया खूब बिगड़ रहे हैं।

गदाधर की आँखों से टपटप आँसू गिर रहे थे। वह कह रहा था, "बाबू जी, मैंने इसको जरा छुआ जरूर था, पर तोड़ा नहीं। सुकुमार बाबू ने मुझे दिखाया, मैंने सिर्फ देखा। उसके बाद ये घूमने चले गये। मैं भी रसोई बनाने चला गया।"

किसी ने उसकी बात पर विश्वास नहीं किया। प्रमाणित हो गया कि उसी ने चिमनी तोड़ी है। उसकी तनख्वाह बाकी थी, उसमें से साढ़े तीन रुपया काटकर नयी चिमनी मँगाई गयी। शाम को जब बत्ती जलायी, तो सब बहुत खुश हुए, सिर्फ मेरी दोनों आँखें जलने लगीं। हर वक्त मन में वही ख़याल आने लगा, मानो मैंने उसकी माँ के साढ़े तीन रुपये चुरा लिये।

तब मुझसे वहाँ रहा नहीं गया। रो-बिलखकर किसी तरह भइया को राजी करके मैं गाँव पहुँच गया। सोचा था, दादी से रुपये लाकर चुपके से साढ़े तीन की जगह सात रुपये गदाधर को दूँगा। मेरे पास उस वक्त रुपये बिलकुल न थे। सब रुपये भइया के पास थे। इसीलिए रुपयों के लिए मुझे देश जाना पड़ा। सोचा था, कि एक दिन से अधिक नहीं ठहरूँगा। मगर हुआ कुछ और ही। यद्यपि बाबा के मरने में अब भी बहुत दिन बाकी थे, फिर भी, सात-आठ दिन वहाँ बीत ही गये।

सात-आठ दिन बाद फिर कोलकाता पहुँचा। मकान में पैर रखते ही पुकारा, "गदा!" किसी ने जवाब नहीं दिया। फिर बुलाया, "गदाधर महाराज!" अबकी बार भी जवाब नदारद, फिर कहा, "गदा!"

रामा ने आकर कहा, "छोटे बाबू, अभी आ रहे हैं क्या?"

"हाँ-हाँ, अभी चला ही आ रहा हूँ। महाराज कहाँ है?"

"महाराज तो नहीं है।"

"कहाँ गया है?"

"बाबू ने उसे निकाल दिया।"

"निकाल दिया क्यों?"

"चोरी की थी, इसलिए।"

---

1. सवाल-जवाब।

पहले बात मेरी ठीक से समझ में नहीं आयी, इसी से कुछ देर तक मैं रामा का मुँह देखता रहा। रामा मेरे मन का भाव ताड़ गया, जरा मुस्कुराकर बोला, "छोटे बाबू, आप *ताज्जुब*[1] कर रहे हैं, मगर उसे आप लोग पहचानते न थे, इसी से इतना चाहते थे। वह छिपी हुई *डाइन*[2] जैसा था, बाबू! उस भीगी बिल्ली को मैं ही अच्छी तरह जानता था।"

किस तरह वह छिपी डाइन था और क्यों, मैं उस भीगी बिल्ली को नहीं पहचान सका, यह मेरी समझ में कुछ न आया। मैंने पूछा, "किसके रुपये चुराये थे उसने?"

"बड़े बाबू के।"

"कहाँ थे रुपये?"

"कोट की जेब में।"

"कितने रुपये थे?"

"चार रुपये।"

"देखा किसने था?"

"आँखों से तो किसी ने नहीं देखा, पर देखा ही समझिए।"

"क्यों?"

"इसमें पूछने की कौन-सी बात है? आप घर में थे नहीं, राम बाबू ने लिये नहीं, जगन्नाथ बाबू ले नहीं सकते, मैंने लिये नहीं, तो फिर गये कहाँ? लिये किसने?"

"अच्छा, तो तूने उसे पकड़ा?"

रामा ने हँसते हुए कहा, "और नहीं तो कौन पकड़ता!"

ठनठनिया का जूता आप आसानी से खरीद सकते हैं। ऐसा मज़बूत जूता शायद और कहीं नहीं बनता। उसी से मैंने उसकी खूब...

मैं रसोई में जाकर रो पड़ा। उसका वह छोटा-सा काला हुक्का एक कोने में पड़ा था। उस पर धूल जम गयी थी। आज चार-पाँच रोज़ से उसको किसी ने छुआ भी नहीं, किसी ने पानी तक नहीं बदला। दीवार पर एक जगह कोयले से लिखा हुआ है, 'सुकुमार बाबू, मैंने चोरी की है। अब मैं यहाँ से जाता हूँ। अगर जिन्दा रहा, तो फिर कभी आऊँगा।'

---

1. आश्चर्य। 2. पिशाचनी।

मैं तब लड़का ही तो था। बिलकुल बच्चे की तरह उस हुक्के को छाती से लगाकर फूट-फूटकर रोने लगा। क्यों? इसकी वजह मुझे नहीं मालूम।

फिर मुझे उस मकान में अच्छा नहीं लगा। शाम को घूम-फिर कर एक बार रसोई में जाता और दूसरे रसोइया को खाना बनाते देख चुपचाप लौट आता। अपने कमरे में आकर किताब खोलकर पढ़ने बैठ जाता। कभी-कभी मुझे भइया भी देखे नहीं सुहाते[1]। रोटी तक मुझे कड़ुवी मालूम होने लगती।

बहुत दिनों बाद एक रोज़ मैंने भइया से कहा, "बड़े भइया! क्या किया तुमने?"

"किसका क्या किया?"

"गदा ने तुम्हारे रुपये कभी नहीं चुराये। सभी जानते हैं, मैं गदाधर महाराज को बहुत चाहता था।"

भइया ने कहा, "हाँ, काम तो अच्छा नहीं हुआ, सुकुमार! पर अब तो जो होना था सो हो गया, लेकिन रामा को तूने इतना मारा क्यों था?"

"अच्छे मारा था, क्या मुझे भी निकाल दोगे?"

भइया ने मेरे मुँह से कभी ऐसी बात नहीं सुनी। मैंने फिर पूछा, "तुम्हारे कितने रुपये वसूल हो गये?"

भइया बड़े दुखी हुए बोले, "काम ठीक नहीं हुआ। तनख्वाह के ढाई रुपये हुए थे, सो सब काट लिये। मेरी इतनी इच्छा नहीं थी।"

मैं जब-तब सड़कों पर घूमा करता। दूर पर अगर किसी को मैली चादर ओढ़े और फटी चट्टी चटकाते हुए जाते देखता, तो मैं फौरन दौड़ा-दौड़ा उसके पास पहुँच जाता, पर मेरे मन का अरमान पूरा न होता, मेरी आशा निराशा में परिणत होने लगी। मैं अपने मन की बात किससे कहूँ?

करीब पाँच महीने बाद भइया के नाम एक मनीआर्डर आया-डेढ़ रुपये का। भइया को मैंने उसी रोज आँसू पोंछते देखा। उसका कूपन अभी तक मेरे पास मौजूद है।

कितने वर्ष बीत गये, कोई ठीक है! मगर आज भी गदाधर महाराज मेरे हृदय में आधी जगह घेरे बैठे हैं।

---

1. अच्छे लगते।

शिक्षा

सीमा से अधिक शरारत, अपराध-बोध होने पर जीवन भर सालता है।

सन्देश

➤ बचपन में उतना ही शरारत करो, जो हास्य परक हो, उससे किसी को शारीरिक या मानसिक पीड़ा न पहुँचे।

➤ अच्छे व संस्कारवान बच्चे सराहना के पात्र होते हैं।

➤ शरारत, उदण्डता और दूसरे को सताने का सुख जीवन में सुखी नहीं होने देते।

विभूतिभूषण बन्द्योपाध्याय

जन्म: 12 सितम्बर 1894
मृत्यु: 1 नवम्बर 1950

विभूतिभूषण बन्द्योपाध्याय का जन्म बंगाल के काँचड़ा पाड़ा गाँव में हुआ था। उनके पिता का नाम महानन्द बन्द्योपाध्याय और माता का नाम मृणालिनी था। पाँच भाई-बहनों में वे सबसे बड़े थे। बन्द्योपाध्याय परिवार पहले बशीर हाट के पास पानितर नामक ग्राम का मूल निवासी था। इनकी पारिवारिक वृत्ति वैद्यगिरी थी। विभूतिभूषण के परदादा भी वैद्य थे और इसी काम से वे बनगाँ-बाराकपुर आये थे।

रोगियों की चिकित्सा के लिए वैद्यजी को यह गाँव रुच गया और वे यहीं बस गये। यहाँ आकर विभूतिभूषण के पिता महानन्द वैद्य का धन्धा न अपनाकर काशी गये और शास्त्री बनकर लौटे तथा उन्होंने कथावाचक का व्यवसाय अपनाया। उनको कथा-वाचन के लिए बुलावे आते और विभूतिभूषण भी उनके साथ हो लेते। किन्तु उनकी आर्थिक स्थिति ठीक नहीं थी।

पाँच वर्ष की आयु में गाँव की पाठशाला में विभूतिभूषण की शिक्षा आरम्भ

हुई, किन्तु कथावाचक पिता के साथ उन्हें भी विभिन्न स्थानों पर जाना पड़ा। 14 वर्ष की अवस्था में वे बनगाँ हाईस्कूल में पाँचवीं कक्षा में भरती हुए। प्रतिदिन छः मील की पैदल यात्रा करके विद्यालय में जाना पड़ता था। 1914 ई. में विभूतिभूषण मैट्रिक परीक्षा प्रथम श्रेणी में उत्तीर्ण हुए।

इसी प्रकार 1916 में आई. ए. की परीक्षा भी प्रथम श्रेणी में ही उत्तीण हुए तथा 1918 में बी. ए. की परीक्षा समाप्त होने पर अपनी पत्नी गौरादेवी के साथ बराकपुर गाँव लौटे।

दुर्भाग्यवश उनकी पत्नी का निधन 1925 ई. में हो गया। इसी प्रकार जिन्दगी के अनेक उतार-चढ़ाव झेलते हुए 5 अप्रैल 1930 को उनका रवीन्द्रनाथ टैगोर से प्रथम परिचय हुआ। 29 अक्टूबर 1950 को भोजन करते समय विभूतिभूषण अचानक अस्वस्थ हो गये। उसी अवस्था में उन्हें घाटशिला लाया गया और तीन दिन पश्चात् यानी 1 नवम्बर 1950 को परलोक सिधार गये।

बंकिमचन्द्र, रवीन्द्रनाथ और शरत् चन्द्र के बाद की पीढ़ी के बँगला साहित्यकार के रूप में विभूतिभूषण सर्वाधिक महत्त्वपूर्ण हस्ताक्षर हैं। स्वच्छन्दतावादी धारा के अनन्य कथाकार के रूप में अपनी कृतियों में ग्राम-समाज के शोषण एवं हाहाकार, स्वभाव और अभाव का जैसा प्रामाणिक एवं मार्मिक चित्रण इन्होंने किया, अत्यन्त दुर्लभ है। 'पथेर पांचाली और अपराजिता जैसी कृतियाँ उनकी प्रसिद्धि के महत्त्वपूर्ण शिखर हैं। इसी प्रकार कथा-साहित्य में भी वे बेजोड़ हैं। प्रस्तुत संग्रह में उनकी दो कहानियाँ दी जा रही हैं, जो उनकी रचनाधर्मिता की प्रमाण है।

3

तालनवमी

बँगला भाषा के अमर कथाकार विभूतिभूषण बन्द्योपाध्याय भारतीय कथा साहित्य में एक प्रकाशित नक्षत्र की तरह हैं। इन्होंने ग्राम-जीवन से जुड़ी समस्याओं, उनकी मन:स्थिति, उनकी आर्थिक, सामाजिक दशा और वहाँ के परिवेश को देखा-परखा और उसे अपनी रचनाओं का आधार बनाया। उनकी रचनाओं ने उन्हें एक श्रेष्ठ कथाकार के रूप में ख्याति दिलायी।

मूसलाधार वर्षा हो रही थी। भादो का महीना था। पिछले पन्द्रह दिनों से लगातार पानी बरस रहा था, जो रुकने का नाम ही नहीं ले रहा था। गाँव के खुदीराम भट्टाचार्य के यहाँ आज दो दिनों से चूल्हा नहीं जला था।

खुदीराम मामूली आयवाला गृहस्थ था। खेतों से होनेवाली थोड़ी-सी आय और दो-चार यजमानों तथा शिष्यों के यहाँ से जो कुछ दान-दक्षिणा मिल जाती थी, उससे उसकी गृहस्थी की गाड़ी किसी तरह खिंच जाती। इस भयानक बारिश में गाँव के कितने ही घरों के बच्चों के मुँह में अन्न का दाना तक नहीं गया था, खुदीराम तो एक मामूली गृहस्थ था। यजमानों के यहाँ से जो थोड़ा-बहुत धान उसे मिला था, वह समाप्त हो चुका था। भादो के अन्त में जब किसानों के घर में नया धान आयेगा, तब उसे भी कुछ मिलेगा। तभी उसके बच्चों को पेट भरकर खाना नसीब होगा।

खुदीराम के दो बच्चे थे-नेपाल और गोपाल। नेपाल की उम्र बारह साल की थी और गोपाल दस साल था। कुछ दिनों से पेट भर खाना न मिलने के कारण दोनों भाई चिड़चिड़े हो गये थे।

नेपाल ने पूछा, "गोपाल, तुझे भूख लगी होगी न?"

गोपाल मछली पकड़ने की बंसी छीलते हुए बोला, "हाँ भैया!"

"माँ से माँगता क्यों नहीं? मेरे पेट में भी चूहे कूद रहे हैं।"

"माँ बिगड़ती है। तुम्हीं चले जाओ भैया!"

"बिगड़ने दे! मेरा नाम लेकर माँ से कह नहीं सकता?"

तभी मुहल्ले के शिबू बनर्जी के लड़के चुनी को आते देखकर नेपाल ने उसे

पुकारा, "अरे ओ चुनी! जरा इधर आ।"

चुनी उम्र में नेपाल से बड़ा था। वह खाते-पीते घर का लड़का था। वह देखने-सुनने में भी बुरा नहीं था। नेपाल की बात सुनकर वह उसके आँगन के बाड़े के पास आकर बोला, "क्या बात है?"

"अन्दर आ जा।"

"नहीं, अन्दर नहीं आऊँगा। दिन ढल रहा है। मैं जटी बुआ के यहाँ जा रहा हूँ। माँ वहीं पर है। उसे बुलाने जा रहा हूँ।"

"इस घड़ी तेरी माँ वहाँ क्या कर रही है?"

"उनके यहाँ दाल दलने गयी है। मंगलवार को ताल (ताड़) नवमी का व्रत है। उनके घर में दावत होगी।"

"सचमुच?"

"तुझे पता नहीं? हमारे घर के सभी लोगों को न्योता दिया गया है। गाँव के और लोगों को भी बुलायेंगे।"

"हमें भी बुलायेंगे?"

"जब सभी को न्योता दे रहे हैं, तो तुम्हीं को क्यों छोड़ देंगे?"

चुनी के चले जाने के बाद नेपाल ने अपने छोटे भाई से कहा, "आज कौन-सा दिन है, तुझे पता है? शायद शुक्रवार है। मंगलवार को दावत है।"

गोपाल ने कहा, "कितना मजा आयेगा! है न भैया!"

"तू चुप रह, तुझे अक्ल-वक्ल नहीं है। तालनवमी के व्रत के दिन ताड़ के बड़े बनते हैं। तुझे पता है?"

गोपाल को यह पता नहीं था। लेकिन बड़े भाई से यह जानकारी पाकर वह खुश हो गया। अगर यह सच है, तब जल्दी ही बढ़िया पकवान खाने को मिलेंगे, इसमें देर नहीं थी। उसे यह पता नहीं था कि आज कौन-सा दिन है, मगर इतना जानता था कि दावत मंगलवार को ही है, जो अब दूर नहीं था।

जटी बुआ का घर पास में ही पड़ता था। नेपाल ने कहा, "तू यहाँ ठहर, मैं जरा अन्दर जाकर पता कर आऊँ। उनके यहाँ ताड़ की जरूरत तो होगी ही, शायद वे लोग ताड़ खरीद लें।"

उस गाँव में ताड़ के पेड़ नहीं थे। आगे मैदान में एक बहुत बड़ी *ताड़दीघी*[1] थी। नेपाल वहाँ से जमीन पर गिरे ताड़ बटोरकर गाँव में लाकर बेचता था।

---

1. ताड़ का बाग।

जटी बुआ सामने ही खड़ी थीं। वे उसी गाँव के नटवर मुखर्जी की पत्नी थीं। उनका असली नाम हरिमती था। गाँव के बच्चे उन्हें जटी बुआ कहकर बुलाते थे।

बुआ ने पूछा, "क्या है रे?"

"तुम्हें ताड़ की ज़रूरत है बुआ?"

"हाँ है तो! इसी मंगलवार का ज़रूरत पड़ेगी।"

तभी गोपाल भी अपने भाई के पीछे आकर खड़ा हो गया। जटी बुआ ने पूछा, "पीछे कौन खड़ा है रे गोपाल! शाम के वक्त तुम दोनों भाई कहाँ गये थे?"

गोपाल ने लजाते हुए कहा, "मछली पकड़ने।"

"मिली?"

"दो पूँटी मछलियाँ और एक छोटी बेले मछली।... तो अब जाऊँ बुआ?"

"हाँ, अब जाओ बेटा, साँझ हो गयी है। बरसात के मौसम में अन्धेरे में घूमना-फिरना ठीक नहीं।"

जटी बुआ ने ताड़ लेने के बारे में विशेष आग्रह नहीं दिखाया और न तालनवमी के व्रत के सिलसिले में उन्हें न्योता देने की बात ही कही। हालाँकि दोनों ने सोचा यही था कि उन्हें देखते ही जटी बुआ उन्हें न्योते पर बुला लेंगी। बाहर निकलते-निकलते नेपाल ने एक बार फिर पीछे मुड़कर पूछा, "तो आप ताड़ लेंगी न?"

"ताड़! हाँ ठीक है, दे जाना। मगर पैसे के कितने ताड़ दोगे?"

"पैसे के दो देता हूँ। जब आप ले रही हैं तो आप पैसे के तीन ले लीजियेगा।"

"बढ़िया काले पके ताड़ होंगे न? तालनवमी के दिन हमारे यहाँ ताड़ के पीठे बनेंगे। मुझे खूब बढ़िया ताड़ चाहिए।"

"बिलकुल पके काले ताड़ ही लाऊँगा। आप निश्चिन्त रहें।"

गोपाल ने घर से निकलते ही अपने भाई से पूछा, "भैया, इनके यहाँ ताड़ कब दोगे?"

"कल।"

"भैया, तुम उनसे पैसे मत लेना।"

नेपाल ने चौंकते हुए पूछा, "क्यों?"

"जब ऐसा करोगे, तभी वे हमें न्योता देंगी, देख लेना।"

"धत्! मैं ऐसा नहीं कर सकता। मैं इतनी तकलीफ़ करके ताड़ लाऊँ और बिना पैसे लिये दे दूँ?"

रात में पानी बरसने लगा। साथ में तेज बरसाती हवा भी बहने लगी। पूरब की ओर खिड़की के *पल्ले*[1] सुतली से बँधे हुए थे। हवा के धक्के से सुतली टूट जाने से रात भर इस आँधी-पानी में वे पल्ले खट-खट की आवाज करते रहे। गोपाल को नींद नहीं आयी। उसे डर लग रहा था। वह लेटा-लेटा सोच रहा था, अगर भैया उनसे ताड़ के पैसे ले लेगा, तो शायद वे लोग उन्हें दावत पर न बुलायें। फिर क्यों बुलायेंगे?

खूब तड़के उठकर गोपाल ने देखा, घर के सभी लोग सो रहे थे। अभी तक कोई जगा नहीं था। रात भर होने वाली बारिश थम चुकी थी, बस बूँदा-बाँदी हो रही थी। गोपाल दौड़ता हुआ गाँव के बाहर की तालदीघी के पास चला गया। वहाँ चारों तरफ घुटनों भर पानी और कीचड़ भरा था। गाँव के उत्तरी *पाड़ा*[2] का गणेश कौरा कन्धे पर हल उठाये इतनी सुबह अपने खेत में जा रहा था। उसने पूछा, "अरे *खोका*[3] ठाकुर, इतने भोर में कहाँ चल दिये?"

"तालाब के किनारे ताड़ बटोरने जा रहा हूँ।"

"वहाँ साँप बहुत हैं मुन्ना! बरसात में अकेले उस तरफ मत जाना।"

गोपाल डरते-डरते दीघी के ताड पोखर के ताड़बन में घुसकर ताड़ ढूँढ़ने लगा। उसे दो बड़े और खूब काले ताड़ उसे पानी के करीब पड़े नजर आये। छोटा होने के कारण दोनो ताड़ लेकर वह भागा-भागा जटी बुआ के यहाँ पहुँच गया।

जटी बुआ ठीक उसी समय घर के सामने वाला दरवाजा खोलकर पानी छिड़क रही थीं। उसे सुबह-सुबह वहाँ देखकर वे आश्चर्य से बोलीं, "क्या बात है मुन्ना?"

गोपाल ने भरपूर मुस्कान के साथ कहा, "बुआ, मैं तुम्हारे लिए ताड़ ले लाया हूँ।"

जटी बुआ ने उससे वे दोनों ताड़ ले लिये और बिना कुछ कहे अन्दर चली गयीं।

गोपाल ने सोचा कि एक बार पूछ ले कि तालनवमी कब है? मगर उसकी हिम्मत नहीं पड़ी।

दिन भर गोपाल का यह हाल रहा कि खेलते-खेलते भी उसका मन कहीं और चला जाता था। मूसलाधार बरसात की दोपहरी में उसने सिर उठाकर देखा नारियल के पेड़ की फुनगी से पत्तों पर टपकती हुई पानी की बूँदें नीचे झड़ रही थीं। बाँस के पेड़ बरसाती हवा के झोंके से दोहरे हुए जा रहे थे। बकुलतला के पोखर में मेढकों का झुण्ड रह-रहकर टर्रा रहा था।

---

1. दरवाजे। 2. टोला। 3. लड़के।

गोपाल ने पूछा, "माँ! आजकल मेढ़क पहले-जैसा क्यों नहीं टर्राते?"

माँ बोली, "वे ताजा पानी में खुश होकर टर्राते हैं। बासी पानी में उन्हें उतना मजा नहीं आता।"

"आज कौन-सा दिन है माँ?"

"सोमवार! मगर तुझे क्या? इसे जानने की तुझे क्या ज़रूरत आ पड़ी?"

"मंगलवार को तालनवमी है न माँ?"

"शायद! ठीक बता नहीं सकती। खुद की हाँड़ी में भात नहीं जुटता, तालनवमी के बारे में जानकर मैं क्या करूँगी?"

पूरा दिन बीत गया। नेपाल ने शाम के वक्त उससे पूछा, "तू आज जटी बुआ के घर में ताड़ देने गया था? तुझे ताड़ कहाँ से मिले? मैं ताड़ लेकर पहुँचा, तो जटी बुआ बोलीं, "गोपाल आकर ताड़ दे गया है। पैसे भी नहीं लिये। तुझे मुफ्त में ताड़ देने की क्या जरूरत थी? अगर हमें एक पैसा मिल जाता, तो उससे हम दोनों भाई खरीदकर खा सकते थे।"

"देखना भैया, हमें भी न्योता मिलेगा। कल ही तालनवमी है।"

"वह तो ऐसे भी मिलेगा, पैसा लेने पर भी न्योता मिलता है। तू बिलकुल बुद्धू है।"

"अच्छा भैया, कल ही मंगलवार है न?"

रात में उत्तेजना के मारे गोपाल को नींद नहीं आयी। उसके मकान की बगल में बड़े बकुल के पेड़ पर जुगनुओं का झुण्ड जगमगा रहा था। खिड़की से बाहर देखते हुए वह एक ही बात सोच रहा था कि कब सुबह होगी, कितनी देर बाद यह रात ख़त्म होगी। यही सोचते-सोचते वह सपने में खो गया।

जटी बुआ ने उसे खिलाते वक्त प्यार से पूछा, "मुन्ना! लौकी की सब्जी और लेगा? थोड़ी-सी मूँग की दाल और लेकर अच्छी तरह भात सान¹ ले।"

जटी बुआ की बड़ी बेटी लावण्य दी एक बड़ी थाली में गरमा गरम तले हुए तिलबड़े, पीठे लाकर उसके सामने रखकर हँसते हुए बोलीं, "मुन्ना! तू कितने तिल पीठे खायेगा?" यह कहते हुए लावण्य दी ने पूरा थाल ही उसके पत्तल पर उड़ेल दिया। इसके बाद जटी बुआ खीर और ताड़ के बड़े लेकर आयीं। वे हँसते हुए बोलीं, "मुन्ना! तूने हमें जो ताड़ लाकर दिये थे, उसी से यह खीर बनी है। खा ले, खूब जी भरकर खा ले। आज तालनवमी है न! उस वक्त पूरे वातावरण में तरह-तरह की स्वादिष्ट सब्जियों की खुशबू समायी हुई थी। हवा में खजूर, गुड़ की खीर

---

1. मिला ले।

की सुगन्ध भी बसी हुई थी। गोपाल का मन खुशी और आनन्द से नाच उठा। वह बैठा-बैठा बस खाये ही जा रहा था, उठने का नाम नहीं ले रहा था। उसके साथ खाना खानेवाले अपना खाना खत्म कर चुके थे, मगर वह अभी तक खाता ही जा रहा था। लावण्य दी हँसते हुए पूछ रही थीं, "तुझे थोड़े-से तिल पीठे और दूँ?"

"अरे ओ गोपाल!"

अचानक गोपाल ने आँखें खोलकर देखा, खिड़की के पास बरसात में भीगे हुए पेड़-झाड़ नजर आ रहे थे। अपना जाना-पहचाना शरीफे का पेड़ भी था। वह अपने कमरे में लेटा हुआ था। माँ के जगाने पर उसकी नींद टूटी थी। माँ उसके पास खड़ी हुई कह रही थी, "अब उठ, काफी दिन चढ़ आया है। बादलों के कारण पता नहीं चल रहा है।"

वह बेवकूफों की तरह आँखें फाड़कर अपनी माँ को देखने लगा।

"माँ, आज कौन-सा दिन है?"

"मंगलवार।"

हाँ, आज ही तो तालनवमी है। नींद में वह न जाने कैसे ऊलजलूल सपने देख रहा था।

दिन और भी चढ़ गया था। हालाँकि बदली-बारिश का दिन होने से व़क्त का ठीक से पता नहीं चल रहा था। गोपाल अपने मकान के दरवाजे के बाहर लकड़ी के एक कुन्दे पर आसन जमाकर बैठ गया। पानी बरसना बन्द हो चुका था, मगर आसमान में घने बादल छाये हुए थे। बरसाती हवा के कारण शरीर में हल्की कँपकँपी भी हो रही थी। गोपाल आस लगाये बैठा रहा। सोच रहा था जटी बुआ के घर से कोई न्योता देने क्यों नहीं आया?

दिन काफी चढ़ जाने के बाद उसके मुहल्ले के जगबन्धु चक्रवर्ती अपने बाल-बच्चों को लेकर सामने की सड़क से गुजरते हुए नजर आये। उनके पीछे राखाल राय और उनका बेटा सोनू था। उसके पीछे कालीवर बनर्जी का बड़ा बेटा पाँचू और दूसरे मुहल्ले का हरेन...

गोपाल ने सोचा, "ये लोग कहाँ जा रहे हैं?"

उनके चले जाने के थोड़ी देर बाद बूढ़े नवीन भट्टाचार्य और उनका छोटा भाई दीनू अपने साथ बाल-बच्चों को लेकर जाते हुए नज़र आये।

दीनू भट्टाचार्य का बेटा कूड़ोराम उसे देखकर बोला, "तू यहाँ चुपचाप बैठा क्यों है रे, जायेगा नहीं?"

"तुम लोग कहाँ जा रहे हो?"

"जटी बुआ के घर तालनवमी के न्योते पर। तुम लोगों को न्योता नहीं मिला? वैसे भी उन्होंने कुछ गिने-चुने लोगों को ही बुलाया है, सभी को न्योता नहीं दिया है।"

गोपाल अचानक गुस्से और अभिमान से बौखला गया। वह गुस्से में उठकर खड़ा हो गया। बोला, "वे हमें न्योता क्यों नहीं देंगे? सिर्फ तुम्हीं को देंगे? हमें भी जरूर बुलायेंगे। हम थोड़ी देर बाद जायेंगे।"

उसे खिझानेवाली कौन-सी बात उसने कह दी थी, इसे न समझकर कूड़ोराम ने हैरानी से कहा, "अरे वाह, तू इतना भड़क क्यों गया? बात क्या है?"

उसके चले जाने के बाद गोपाल की आँखें भर आयीं। शायद इस दुनिया का अन्याय देखकर। वह कई दिनों से इन्तज़ार में बैठा था। लेकिन वह बस इन्तज़ार ही करता रह गया। आँसुओं से धुँधली हुई उसकी नज़र के सामने उसी के मुहल्ले के हारू, हितेन, देवेन, गुटके अपने-अपने पिता और चाचा के साथ एक-एक करके उसके घर के सामने से होते हुए जटी बुआ के घर की ओर चले गये...।

शिक्षा

गरीबी और सामाजिक उपेक्षा एक-दूसरे की सगी बहनें हैं।

सन्देश

➤ आवश्यकता से अधिक आशा किसी से न करो।

➤ समाज में लोग अपने स्तर के अनुरूप ही किसी से व्यवहार बनाते हैं।

➤ रूखी-सूखी खाय के, ठण्डा पानी पीउ।
देख परायी चूपड़ी मम ललचावे जीउ।

पं. चन्द्रधर शर्मा गुलेरी

जन्मः *7 जुलाई 1883*
मृत्युः *12 सितम्बर 1922*

पं. चन्द्रधर शर्मा गुलेरी का जन्म 7 जुलाई 1883 ई. को पुरानी बस्ती (मोती सिंह भोमिया के मार्ग में लाल हवेली) जयपुर में महाराजा रामसिंह के राजपण्डित महामहोपाध्याय पं. शिवराम शर्मा के घर में हुआ था। इनकी माता लक्ष्मी देवी धार्मिक प्रवृत्ति की महिला थीं। पं. शिवराम शर्मा हिमाचल प्रदेश के काँगड़ा जिले के 'गुलेर' नामक गाँव के मूल निवासी थे। सन् 1867 ई. में उन्होंने हिमालय से लौटे धर्माचार्यों को शास्त्रार्थ में पराजित किया और अपने गुरु जो कि 'भाष्य ब्रह्मचारी' उपाधि से विभूषित थे, जिनका नाम पं. विभवरामजी था, के आशीर्वाद से जयपुर-दरबार का राज-सम्मान प्राप्त किया और वहीं बस गये।

पिता पं. शिवराम ने अपने इस पुत्र का नाम जन्म कर्क लग्न में चन्द्रमा होने के कारण नाम रखा 'चन्द्रधर', जो 'गुलेर' ग्राम में उत्पन्न होने के कारण 'चन्द्रधर शर्मा गुलेरी' के नाम से कालान्तर में प्रसिद्ध हुआ। आठ-नौ वर्ष की अवस्था में ही

गुलेरीजी ने वैय्याकरण पाणिनी के 'अष्टाध्यायी' के प्रारम्भिक अध्याय और संस्कृत के दो-तीन सौ श्लोक कण्ठस्थ करके अपनी प्रखरबुद्धि का परिचय दिया। साथ ही 'अमरकोश' का सस्वर पाठ करने में पारंगत हो गये। नौ-दस वर्ष की अवस्था में 'भारत धर्म मण्डल' के सदस्यों को अपने धारा-प्रवाह संस्कृत भाषण से आश्चर्यचकित कर दिया।

अँग्रेजी भाषा की शिक्षा के लिए महाराजा कॉलेज जयपुर में प्रवेश लिया। सन् 1897 ई. में द्वितीय श्रेणी में मिडिल, 1899 ई. में इलाहाबाद से प्रथम श्रेणी में इण्ट्रेंस और कलकत्ता विश्वविद्यालय से मैट्रिक प्रथम श्रेणी में उत्तीर्ण किया। इसके लिए उन्हें जयपुर राज्य की ओर स्वर्णपदक मिला। सन् 1901 में कलकत्ता विश्वविद्यालस से एम.ए. (अँग्रेजी, ग्रीक, संस्कृत, विज्ञान, गणित, इतिहास तथा तर्कशास्त्र विषयों में) किया।

गुलेरीजी ने अपने जीवनकाल में अनेक संस्थाओं में अनके पदों को सुशोभित किया। मंगलवार 12 सितम्बर, 1922 ई. के ब्राह्ममुहूर्त में बहुमुखी प्रतिभा के धनी मनीषी साहित्यकार गुलेरीजी सन्निपात के शिकार होकर पुण्यतीर्थ काशी में ब्रह्मलीन हो गये।

साहित्य रचना- गुलेरीजी ने अपने जीवनकाल में 20-25 वर्ष के अन्तराल में मँजे हुए निबन्धकार, व्यंग्यकार, भेंटवार्ताकार, अनुसन्धाता, आलोचक, भाषाविद्, कला समीक्षक के रूप में अपना स्थान बनाया। उनकी कलम निबन्ध-साहित्य, वैदिक तथा पौराणिक-साहित्य, पुरातत्त्व और शोध-आलोचना के क्षेत्र में खूब चली।

कहानी रचना- गुलेरीजी की अब तक 'सुखमय-जीवन', 'बुद्धू का काँटा' और 'उसने कहा था'- कहानियाँ ही उपलब्ध थीं, किन्तु नवीनतम खोजों के आधार पर 'घण्टाघर' और 'धर्मपरायण रीछ' शीर्षक कहानियाँ भी प्राप्त हुई हैं। इस प्रकार उन्होंने कुल पाँच कहानियाँ लिखी, जिसमें 'उसने कहा था' कहानी ने विशेष प्रसिद्धि प्राप्त की।

सुखमय जीवन

4

'सुखमय जीवन' एक ऐसे नवयुवक लेखक की रचना है, जो कथा का स्वयं ही एक पात्र है। उसका दाम्पत्य-जीवन का अनुभव मात्र पुस्तकीय ज्ञान है, जीवन का यथार्थ अनुभव नहीं। गुलेरीजी के छात्र-जीवन का यह एक प्रमुख घटना-चक्र है। यह गुलेरीजी की कहानियों का मूलस्रोत और उनका व्यक्तिगत जीवन है, जिसका उपयोग गुलेरीजी ने अपने कहानी लेखन में किया।

(1)

परीक्षा देने के पीछे और उसके फल निकलने के पहले दिन किस बुरी तरह बीतते हैं, यह उन्हीं को मालूम है, जिन्हें उन्हें गिनने का अनुभव हुआ है। सुबह उठते ही परीक्षा से आज तक कितने दिन गये, यह गिनते हैं और फिर 'कहावती आठ हफ्ते' में कितने दिन घटते हैं, यह गिनते हैं। कभी-कभी उन आठ हफ्तों पर कितने दिन चढ़ गये, यह भी गिनना पड़ता है। खाने बैठे हैं और डाकिये के पैर की आहट आयी तथा कलेजा मुँह को आया। मुहल्ले में तार का चपरासी आया कि हाथ-पाँव काँपने लगे। न जागते चैन, न सोते। सपने में भी यह दिखता है कि परीक्षक साहब एक आठ हाथ की लम्बी छुरी लेकर छाती पर बैठे हुए हैं।

मेरा भी बुरा हाल था। एल-एल.बी. का परीक्षाफल अबकी और भी देर से निकलने को था। न मालूम क्या हो गया था? या तो कोई परीक्षक मर गया था या उसको *प्लेग*[1] हो गया था। उसक पर्चे किसी दूसरे के पास भेजे जाने को थे। बार-बार यही सोचता था कि प्रश्नपत्रों की जाँच करने के पीछे सारे परीक्षकों और रजिस्ट्रारों को भले ही प्लेग हो जाये, अभी तो दो हफ्ते माफ करें। नहीं तो परीक्षा के पहले ही उन सबको प्लेग क्यों न हो गया? रात-भर नींद नहीं आयी थी, सिर घूम रहा था, अखबार पढ़ने बैठा कि देखता हूँ *लिनोटाइप*[2] की मशीन ने चार-पाँच पंक्तियाँ उलटी छाप दी हैं। बस, अब नहीं सहा गया। सोचा कि घर से निकल चलें, बाहर ही कुछ जी बहलेगा। लोहे का *घोड़ा*[3] उठाया और चल दिये।

तीन-चार मील जाने पर शान्ति मिली। हरे-हरे खेतों की हवा, कहीं पर चिड़ियों की चहचह और कहीं कुओं पर खेतों को सींचते हुए किसानों का सुरीला गाना,

---

1. चूहों से होने वाली एक घातक रोग। 2. टाइपराइटर। 3. साइकिल।

कहीं देवदार के पत्तों की सोंधी बास और कहीं उनमें हवा का सीं-सीं करके बजना, सबने मेरे चित्त की परीक्षा के भूत की सवारी से हटा लिया। बाइसिकिल भी गजब की चीज है। न दाना माँगे, न पानी, चलाये जाइए जहाँ तक पैरों में दम हो। सड़क पर कोई था ही नहीं, कहीं-कहीं किसानों के लड़के और गाँव के कुत्ते पीछे लग जाते थे। मैंने बाइसिकिल को और भी हवा कर दिया। सोचा कि मेरे घर सितारपुर से पन्द्रह मील पर कालानगर है, वहाँ की मलाई की बरफ अच्छी होती है और वहीं मेरे एक मित्र रहते हैं, वे कुछ सनकी हैं। कहते हैं कि जिसे पहले देख लेंगे, उससे विवाह करेंगे। उनसे जब कोई विवाह की चर्चा करता है, तो अपने सिद्धान्त के मण्डल का व्याख्यान देने लग जाते हैं। चलो, उन्हीं से सिर खाली करें।

खयाल-पर-खयाल बँधने लगा। उनके विवाह का इतिहास याद आया। उनके पिता कहते थे कि सेठ गनेशलाल की एकलौती बेटी से अबकी छुट्टियों में तुम्हारा ब्याह कर देंगे। पड़ोसी कहते थे कि सेठजी की लड़की कानी और मोटी है और आठ वर्ष की ही है। पिता कहते थे कि लोग जलकर ऐसी बातें उड़ाते हैं, और लड़की वैसी हो भी तो क्या, सेठजी के कोई लड़का है ही नहीं। बीस-तीस हजार का गहना देंगे। मित्र महाशय मेरे साथ-साथ *डिबेटिंग*[1] क्लबों में बाल-विवाह और माता-पिता की जबरदस्ती पर इतने व्याख्यान झाड़ चुके थे कि अब मारे लज्जा के साथियों में मुँह नहीं दिखाते थे। क्योंकि पिताजी के सामने चीं करने की हिम्मत नहीं थी। व्यक्तिगत विचार से साधारण विचार उठने लगे। हिन्दू-समाज ही इतना सड़ा हुआ है कि हमारे उच्च विचार कुछ चल ही नहीं सकते। अकेला चना भाड़ नहीं फोड़ सकता। हमारे सद्विचार एक तरह के पशु हैं, जिनकी बलि माता-पिता की जिद और हठ की वेदी पर चढ़ायी जाती है।...

भारत का उद्धार तब-तक नहीं हो सकता–

फिस्स्! एकदम *अर्श*[2] से *फर्श*[3] पर गिर पड़े। बाइसिकिल की *फूँक*[4] निकल गयी। कभी गाड़ी नाव पर, कभी नाव गाड़ी पर। पम्प साथ नहीं था और नीचे देखा तो जान पड़ा कि गाँव के लड़कों ने सड़क पर ही काँटों की बाड़ लगायी है। उन्हें भी दो गालियाँ दीं पर उससे तो पंक्चर सुधरा नहीं। कहाँ तो भारत का उद्धार हो रहा था और कहाँ अब कालानगर तक इस चरखे को खींच ले जाने की आपत्ति से कोई *निस्तार*[5] नहीं दिखता। पास के मील के पत्थर पर देखा कि कालानगर यहाँ से सात मील है। दूसरे पत्थर के आते-आते मैं बेदम हो लिया था। धूप जेठ की, और कंकरीली सड़क, जिसमें लदी हुई बैलगाड़ियों की मार से छः-छः इंच शक्कर की-सी बारीक पिसी हुई सफेद मिट्टी बिछी हुई ! काले पेटेण्ट लेदर के जूतों पर एक-एक इंच सफेद पालिश चढ़ गयी। लाल मुँह को

1. विचारों के आदान का स्थान। 2. आसमान। 3. जमीन। 4. हवा। 5. छूट।

ोंछते-पोंछते रुमाल भीग गया और मेरा सारा आकार सभ्य विद्वान् का-सा नहीं, वरन् सड़क कूटने वाले मजदूर का-सा हो गया। सवारियों के हम लोग इतने गुलाम हो गये हैं कि दो-तीन मील चलते ही छठी का दूध याद आने लगता है।

(2)

"बाबूजी, क्या बाइसिकिल में पंक्चर हो गया है?"

एक तो चश्मा, उस पर रेत की तह जमीं हुई, उस पर ललाट से टपकते हुए पसीने की बूँदें, गरमी की चिढ़ और काली रात की-सी लम्बी सड़क, मैंने देखा ही नहीं था कि दोनों ओर क्या है। यह शब्द सुनते ही सिर उठाया, तो देखा कि एक सोलह-सत्रह वर्ष की कन्या सड़क के किनारे खड़ी है।

"हाँ, हवा निकल गयी है और पंक्चर भी हो गया है। पम्प मेरे पास है नहीं। कालानगर बहुत दूर तो है ही नहीं, अभी जा पहुँचता हूँ।"

अन्त का वाक्य मैंने सिर्फ ऐंठ दिखाने के लिए कहा था। मेरा जी जानता था कि पाँच मील पाँच सौ मील के-से दिख रहे थे।

"इस सूरत से तो आप कालानगर क्या कलकत्ते पहुँच जायेंगे। जरा भीतर चलिए, कुछ जल पीजिये। आपकी जीभ सूखकर तालू से चिपट गयी होगी। चाचाजी की बाइसिकिल में पम्प है और हमारा नौकर गोविन्द पंक्चर सुधारना भी जानता है।"

"नहीं, नहीं–"

"नहीं, नहीं, क्या? हाँ, हाँ!"

यों कहकर बालिका ने मेरे हाथ से बाइसिकिल छीन ली और सड़क के एक तरफ हो ली। मैं भी उसके पीछे चला। देखा कि एक कँटीली बाड़ से घिरा बगीचा है, जिसमें एक बँगला है। यहीं पर कोई 'चाचाजी' रहते होंगे, परन्तु यह बालिका कैसी–

मैंने चश्मा रुमाल से पोंछा और उसका मुँह देखा। पारसी *चाल*[1] की एक गुलाबी साड़ी के नीचे चिकने काले बालों से घिरा हुआ उसका मुखमण्डल दमकता था और उसकी आँखें मेरी ओर कुछ दया, कुछ हँसी और कुछ विस्मय से देख रही थीं। बस, पाठकों! ऐसी आँखें मैंने कभी नहीं देखी थीं। मानों वे मेरे कलेजे को घोलकर पी गयीं। एक अद्‌भुत कोमल, शान्त ज्योति उनमें से निकल रही थी। कभी एक तीर में मारा जाना सुना है? कभी एक निगाह में हृदय बेचना पड़ा है? कभी तारामैत्रक और चक्षुमैत्री नाम आये हैं? मैंने एक सेकेण्ड में सोचा

---

1. छाप, ढंग।

और निश्चय कर लिया कि ऐसी सुन्दर आँखें त्रिलोकी में न होंगी और यदि किसी स्त्री की आँखों को प्रेम-बुद्धि से कभी देखूँगा तो इन्हीं को।

"आप सितारपुर से आये हैं। आपका नाम क्या है?"

"मैं जयदेवशरण वर्मा हूँ। आपके चाचाजी..."

"ओ-हो, बाबू जयदेवशरण वर्मा, बी.ए., जिन्होंने 'सुखमय जीवन' लिखा है! मेरा बड़ा सौभाग्य है कि आपके दर्शन हुए। मैंने आपकी पुस्तक पढ़ी है और चाचाजी तो उसकी प्रशंशा बिना किये एक दिन भी नहीं जाने देते। वे आपसे मिलकर बहुत प्रसन्न होंगे, बिना भोजन किये आपको न जाने देंगे और आपके ग्रन्थ के पढ़ने से हमारा परिवार-सुख कितना बढ़ा है, इस पर कम-से-कम दो घण्टे तक व्याख्यान देंगे।"

स्त्री के सामने उसके नैहर की बड़ाई कर दे और लेखक के सामने उसके ग्रन्थ की, यह प्रिय बनने का अमोघ मन्त्र है। जिस साल मैंने बी.ए. पास किया था, उस साल कुछ दिन लिखने की धुन उठी थी। लॉ कॉलेज के फर्स्ट इयर में सेक्शन और कोड की परवाह न करके एक 'सुखमय जीवन' नामक पोथी लिख चुका था। समालोचकों ने आड़े हाथों लिया था और वर्ष-भर में सत्रह प्रतियाँ बिकी थीं। आज मेरी कदर हुई कि कोई उसका सराहनेवाला तो मिला।

इतने में हम लोग बरामदे में पहुँचे, जहाँ पर कनटोप पहने, पंजाबी ढंग की दाढ़ी रखे एक अधेड़ महाशय कुर्सी पर बैठे पुस्तक पढ़ रहे थे। बालिका बोली–

"चाचाजी! आज आपके बाबू जयदेवशरण वर्मा बी.ए. को साथ लायी हूँ। इनकी बाइसिकिल बेकाम हो गयी है। अपने प्रिय ग्रन्थकार से मिलाने के लिए कमला को धन्यवाद मत दीजिए, दीजिए उनके पम्प भूल आने को!"

वृद्ध ने जल्दी ही चशमा उतारा और दोनों हाथ बढ़ाकर मुझसे मिलने के लिए पैर बढ़ाये।

"कमला! जरा अपनी माता को तो बुला ला। आइए बाबू साहब, आइए। मुझे आपसे मिलने की बड़ी *उत्कण्ठा*[1] थी। मैं गुलाबराय वर्मा हूँ। पहले *कमसेरियट*[2] में हेड क्लर्क था। अब पेंशन लेकर इस एकान्त स्थान में रहता हूँ। दो गौ रखता हूँ और कमला तथा उसके भाई प्रबोध को पढ़ाता हूँ। मैं ब्रह्मसमाजी हूँ। मेरे यहाँ परदा नहीं है। कमला ने हिन्दी मिडिल पास कर लिया है। हमारा समय शास्त्रों के पढ़ने में बीतता है। मेरी धर्मपत्नी भोजन बनाती और कपड़े सी लेती हैं। मैं उपनिषद् और योग-वासिष्ठ का *तर्जुमा*[3] पढ़ा करता हूँ। स्कूल में लड़के बिगड़ जाते हैं, प्रबोध को इसीलिए घर पर पढ़ाता हूँ।"

1. मिलने की इच्छा या बेचैनी। 2. फौज का खाद्य-सप्लाई। 3. अनुवाद।

इतना परिचय दे चुकने पर वृद्ध ने साँस लिया। मुझे इतना ज्ञान हुआ कि कमला के पिता मेरी जाति के ही हैं। जो कुछ उन्होंने कहा था, उसकी ओर मेरे कान नहीं थे। मेरे कान उधर थे, जिधर से माता को लेकर कमला आ रही थी।

"आपका ग्रन्थ बड़ा ही अपूर्व है। दाम्पत्य-सुख चाहनेवालों के लिए लाख रुपये से भी अनमोल है। धन्यवाद है आपको! स्त्री को कैसे प्रसन्न रखना, घर में कलह कैसे नहीं होने देना, बाल-बच्चों को क्योंकर सच्चरित्र बनना, इन सब बातों में आपके उपदेश पर चलने वाला पृथ्वी पर ही स्वर्ग-सुख भोग सकता है। पहले कमला की माँ और मेरी कभी-कभी खटपट हो जाया करती थी। उसके ख्याल अभी पुराने ढंग के हैं। पर जब से मैं रोज भोजन के पीछे उसे आध घण्टे तक आपकी पुस्तक का पाठ सुनाने लगा हूँ, तब से हमारा जीवन हिण्डोले की तरह झूलते बीतता है।"

मुझे कमला की माँ पर दया आयी, जिसको वह कूड़ा-करकट रोज सुनना पड़ता होगा। मैंने सोचा कि हिन्दी के पत्र-सम्पादकों में यह बूढ़ा क्यों न हुआ? यदि होता तो आज मेरी तूती बोलने लगती।

"आपको गृहस्थ-जीवन का कितना अनुभव है? आप सबकुछ जानते हैं! भला, इतना ज्ञान कभी पुस्तकों में मिलता है? कमला की माँ कहा करती थी कि आप केवल किताबों के कीड़े हैं, सुनी-सुनायी बातें लिख रहे हैं। मैं बार-बार यह कहता था कि इस पुस्तक के लिखने वाले को परिवार का खूब अनुभव है। धन्य हैं, आपकी सहधर्मिणी! आपका और उसका जीवन कितने सुख से बीतता होगा! और जिन बालकों के आप पिता हैं, वे कैसे बड़भागी हैं कि सदा आपकी शिक्षा में रहते हैं, आप जैसे पिता का उदाहरण देखते हैं।"

कहावत है कि वेश्या अपनी अवस्था कम दिखाना चाहती है और साधु अपनी अवस्था अधिक दिखाना चाहता है। भला, *ग्रन्थकार*[1] का पद इन दोनों में किसके समान है? मेरे मन में आया कि कह दूँ कि अभी मेरा पचीसवाँ वर्ष चल रहा है, कहाँ का अनुभव और कहाँ का परिवार? फिर सोचा कि ऐसा कहने से ही मैं वृद्ध महाशय की निगाहों से उतर जाऊँगा और कमला की माँ सच्ची हो जायेगी कि बिना अनुभव के छोकरे ने गृहस्थ के कर्त्तव्य-धर्मों पर पुस्तक लिख मारी है। यह सोचकर मैं मुसकरा दिया और इस तरह मुँह बनाने लगा कि वृद्ध ने समझा कि अवश्य मैं *संसार-समुद्र*[2] में *गोते*[3] मारकर नहाया हुआ हूँ।

(3)

वृद्ध ने उस दिन मुझे जाने नहीं दिया। कमला की माता ने *प्रीति*[4] के साथ भोजन कराया और कमला ने पान लाकर दिया। न मुझे अब कालानगर

---

1. पुस्तक लेखक। 2. गृहस्थी-संसार। 3. डुबकी। 4. प्रेम के साथ।

की मलाई की बरफ याद रही और न सनकी मित्र की। चाचाजी की बातों में फी[1]-सैकड़े सत्तर तो मेरी पुस्तक और उसके रामबाण लाभों की प्रशंसा थी, जिसको सुनते-सुनते मेरे कान दुख गये। फी-सैकड़ा पच्चीस वह मेरी प्रशंसा और मेरे पति-जीवन और पितृ-जीवन की महिमा गा रहे थे। काम की बात बीसवाँ हिस्सा थी, जिससे मालूम पड़ा कि अभी कमला का विवाह नहीं हुआ है। उसे अपनी फूलों की क्यारी को सम्हालने का बड़ा प्रेम है, वह 'सखी' के नाम से 'महिला-मनोहर' मासिक पत्र में लेख भी दिया करती है।

सायंकाल को मैं बगीचे में टहलने निकला। देखता हूँ कि एक कोने में केले के झाड़ों के नीचे मोतिये और रजनीगन्धा की क्यारियाँ हैं और कमला उनमें पानी दे रही है। मैंने सोचा कि यही समय है। आज मरना है या जीना है। उसको देखते ही मेरे हृदय में प्रेम की अग्नि जल उठी थी और दिन-भर वहाँ रहने से वह धधकने लग गयी थी। दो ही पहर में मैं बालक से युवा हो गया था। अँग्रेजी महाकाव्यों में, प्रेममय उपन्यासों में और कोर्स के संस्कृत-नाटकों में जहाँ-जहाँ प्रेमी का और प्रेमिका का वार्तालाप पढ़ा था, वहाँ-वहाँ का दृश्य स्मरण करके वहाँ-वहाँ के वाक्यों को *घोख*[2] रहा था। पर यह निश्चय नहीं कर सका कि इतने थोड़े परिचय पर भी बात कैसे करनी चाहिए। अन्त को अँग्रेजी पढ़ने वाले की धृष्टता ने आर्यकुमार की शालीनता पर विजय पायी और चपलता कहिए, बेसमझी कहिए, ढीठपन कहिए, पागलपन कहिए, मैंने दौड़कर कमला का हाथ पकड़ लिया। उसके चेहरे पर सुर्खी दौड़ गयी और *डोलची*[3] उसके हाथ से गिर पड़ी। मैं उसके कान में कहने लगा।

"आपसे एक बात कहनी है।"

"क्या? यहाँ कहने की कौन-सी बात है?"

"जब से आपको देखा है, तब से–"

"बस चुप करो। ऐसी धृष्टता!"

अब मेरा वचन-प्रवाह उमड़ चुका था। मैं स्वयं नहीं जानता था कि मैं क्या कर रहा हूँ, पर लगा बकते–"प्यारी कमला! तुम मुझे प्राणों से बढ़कर हो, प्यारी कमला! मुझे अपना भ्रमर बनने दो। मेरा जीवन तुम्हारे बिना मरुस्थल है, उसमें मन्दाकिनी बनकर बहो। मेरे जलते हुए हृदय में अमृत की पट्टी बन जाओ। जब से तुम्हें देखा है, मेरा मन मेरे अधीन नहीं है। मैं तब तक शान्ति न पाऊँगा, जब तक तुम–"

---

1. प्रति। 2. याद करना। 3. फूलों की डलिया।

कमला जोर से चीख उठी और बोली–"आपको ऐसी बातें कहते लज्जा नहीं आती? धिक्कार है आपकी शिक्षा को और धिक्कार है आपकी विद्या को! इसी को आपने सभ्यता मान रखा है कि अपरिचित कुमारी से एकान्त ढूँढ़कर ऐसा घृणित प्रस्ताव करें। तुम्हारा यह साहस कैसे हो गया? तुमने मुझे क्या समझ रखा है? 'सुखमय जीवन' का लेखक और ऐसा घृणित चरित्र! चिल्लू-भर पानी में डूब मरो। अपना काला मुँह मत दिखाओ। अभी चाचाजी को बुलाती हूँ।"

मैं सुनता जा रहा था। क्या मैं स्वप्न देख रहा हूँ? यह अग्नि-वर्षा मेरे किस अपराध पर? तो भी मैंने हाथ नहीं छोड़ा। कहने लगा, "सुनो कमला! यदि तुम्हारी कृपा हो जाये, तो सुखमय जीवन–"

"देखा तेरा सुखमय जीवन! आस्तीन के साँप! पापात्मा!! मैंने साहित्य-सेवी जानकर और ऐसे उच्च विचारों का लेखक समझकर तुझे अपने घर में घुसने दिया और तेरा विश्वास और सत्कार किया था। *प्रच्छन्नपापिन्*[1]! *वकदाम्भिक*[2]! *बिड़ालव्रतिक*[3]! मैंने तेरी सारी बातें सुन ली हैं।" चाचाजी आकर लाल-लाल आँखें दिखाते हुए, क्रोध से काँपते हुए कहने लगे–"शैतान! तुझे यहाँ आकर मायाजाल फैलाने का स्थान मिला। ओफ! मैं तेरी पुस्तक से छला गया। पवित्र जीवन की प्रशंसा में फार्मों-के-फार्म काले करनेवाले, तेरा ऐसा हृदय! कपटी! विष के घड़े–"

उनका धाराप्रवाह बन्द ही नहीं होता था, पर कमला की गालियाँ और थीं और चाचाजी की और। मैंने भी गुस्से में आकर कहा, "बाबू साहब! जबान सम्भालकर बोलिए। आपने अपनी कन्या को शिक्षा दी है और सभ्यता सिखायी है, मैंने भी शिक्षा पायी है और सभ्यता सीखी है। आप धर्म-सुधारक हैं। यदि मैं उसके गुण और रूपों पर आसक्त हो गया, तो अपना पवित्र प्रणय उसे क्यों न बताऊँ? पुराने ढर्रे के पिता दुराग्रही होते सुने गये हैं। आपने क्यों सुधार का नाम लजाया है?"

"तुम सुधार का नाम मत लो। तुम तो पापी है। 'सुखमय जीवन' के कर्ता होकर–"

"भाड़ में जाये 'सुखमय जीवन'! उसी के मारे नाकों दम है!! 'सुखमय जीवन' के कर्ता ने क्या यह शपथ खा ली है कि जनम-भर कुँवारा ही रहे? क्या उसके प्रेमभाव नहीं हो सकता? क्या उसमें हृदय नहीं होता?"

"हैं, जनम-भर कुँवारा?"

---

1. जिसक पाप ढके हुए हों। 2. बगुले की तरह छल करने वाला। 3. बिल्ली की तरह व्रत रखनेवाला।

"हैं काहे की? मैं तो आपकी पुत्री से निवेदन कर रहा था कि जैसे उसने मेरा हृदय हर लिया है, वैसे यदि अपना हाथ मुझे दे, तो उसके साथ 'सुखमय जीवन' के उन आदर्शों को प्रत्यक्ष अनुभव करूँ, जो अभी तक मेरी कल्पना में हैं। पीछे हम दोनों आपकी आज्ञा माँगने आते। आप तो पहले ही दुर्वासा बन गये।"

"तो आपका विवाह नहीं हुआ? आपकी पुस्तक से तो जान पड़ता है कि आप कई वर्षों के गृहस्थ-जीवन का अनुभव रखते हैं। तो कमला की माता ही बच्ची थीं।"

इतनी बातें हुई थीं, पर न मालूम क्यों मैंने कमला का हाथ नहीं छोड़ा था। इतनी गरमी के साथ शास्त्रार्थ हो चुका था, परन्तु वह हाथ जो क्रोध के कारण लाल हो गया था, मेरे हाथ में ही पकड़ा हुआ था। अब उसमें सात्विक भाव का पसीना आ गया था और कमला ने लज्जा से आँखें नीची कर ली थीं। विवाह के पीछे कमला कहा करती है कि न मालूम विधाता की किस कला से उस समय मैंने तुम्हें झटककर अपना हाथ नहीं खींच लिया। मैंने कमला के दोनों हाथ खींचकर अपने हाथों के *सम्पुट*[1] में ले लिये (और उसने उन्हें हटाया नहीं!) और इस तरह चारों हाथ जोड़कर वृद्ध से कहा–

"चाचाजी, उस निकम्मी पोथी का नाम मत लीजिए। बेशक, कमला की माँ सच्ची हैं। पुरुषों की अपेक्षा स्त्रियाँ अधिक पहचान सकती हैं कि कौन अनुभव की बातें कह रहा है और कौन गप्पें हाँक रहा है। आपकी आज्ञा हो, तो कमला और मैं दोनों सच्चे सुखमय जीवन का आरम्भ करें। दस वर्ष पीछे मैं जो पोथी लिखूँगा, उसमें किताबी बातें न होंगी, केवल अनुभव की बातें होंगी।"

वृद्ध ने जेब से रुमाल निकालकर चश्मा पोंछा और अपनी आँखें पोंछीं। आँखों पर कमला की माता की विजय होने के क्षोभ के आँसू थे, या घर बैठे पुत्री को योग्य पात्र मिलने के हर्ष के आँसू, राम जाने।

उन्होंने मुस्कराकर कमला से कहा, "दोनों मेरे पीछे-पीछे चले आओ। कमला! तेरी माँ ही सच कहती थी।" वृद्ध बँगले की ओर चलने लगे। उनकी पीठ फिरते ही कमला ने आँखें मूँदकर मेरे कन्धे पर सिर रख दिया।

---

1. अंजलि।

शिक्षा

अधकचरा और बिना अनुभव का ज्ञान मत बाँटों।

सन्देश

➤ झूठ बोलना सिर पर चढ़ जाता है।

➤ उपदेश और कर्म में समन्वय होना चाहिए।

➤ प्रेम में निश्छलता और दृढ़ता का भाव होना चाहिए।

जयशंकर प्रसाद

जन्म: 30 जनवरी 1889 (वि सं. 1946)
मृत्यु: 14 नवम्बर 1937 (वि. सं. 1994)

जयशंकर प्रसादजी का जन्म काशी के एक प्रसिद्ध वैश्य परिवार में सन् 1889 ई. में हुआ था। काशी में उनका परिवार 'सुँघनी साहू' के नाम से प्रसिद्ध था। इनके यहाँ तम्बाकू का व्यापार होता था। प्रसादजी के पितामह का नाम शिवरत्न साहू और पिता का नाम 'देवी प्रसाद' था। पितामह शिव के परम भक्त और दयालु थे। प्रसाद के पिताजी भी अत्यधिक उदार और साहित्य प्रेमी थे।

प्रसादजी का बाल्यकाल बहुत सुखमय व्यतीत हुआ। बाल्यावस्था में ही उन्होंने अपनी माता के साथ धारा क्षेत्र, ओंकारेश्वर, पुष्कर, उज्जैन और ब्रज आदि तीर्थों की यात्रा की। जिसका प्रभाव प्रसाद के बालमन पर पड़ा। यात्रा से लौटने के बाद प्रसादजी के पिता का स्वर्गवास हो गया। चार वर्ष बाद उनकी माता भी स्वर्गवासी हो गयीं। प्रसाद के पालन-पोषण और शिक्षा-दीक्षा का दायित्व उनके बड़े भाई शम्भूरत्न और भाभी पर पड़ा।

प्रसादजी नाम सर्वप्रथम क्वींस कॉलेज में लिखवाया गया, किन्तु स्कूल की पढ़ाई में उनका मन नहीं लगा, अत: उनकी शिक्षा का प्रबन्ध घर पर ही किया गया। प्रसाद घर पर ही योग्य शिक्षकों से अँग्रेजी और संस्कृत का अध्ययन करने लगे। उन्हें आरम्भ से ही साहित्य के प्रति प्रेम था। समय पाकर वे कविताएँ भी करने लगे। भाई ने पहले तो मना किया, किन्तु बाद में छूट दे दी। इसी बीच भाई का देहान्त हो गया। परिवार की आर्थिक स्थिति बिगड़ गयी, व्यापार भी समाप्त हो गया। प्रसादजी ने पैतृक सम्पत्ति बेचकर ऋणमुक्ति प्राप्त की, किन्तु उनका जीवन संघर्षों से टक्कर लेता रहा। प्रसादजी ने क्रमश: तीन विवाह किये, किन्तु तीनों की मृत्यु हो गयी। तीसरी पत्नी से उन्हें 'रत्नशंकर' नामक पुत्र की प्राप्ति हुई।

यद्यपि प्रसादजी बहुत संयमी थे, किन्तु आर्थिक संघर्ष और चिन्ताओं के कारण उनका स्वास्थ्य खराब हो गया। यह रोग उन्हें अत्यधिक कसरत और बादाम खाने से भी हो गया। प्रसादजी 'राजयक्ष्मा' के रोग से ग्रसित हो गये। इस रोग से मुक्ति पाने के लिए उन्होंने बहुत प्रयास किया, किन्तु सन् 1937, 14 नवम्बर को रोग ने उनके शरीर पर पूर्ण प्रभाव दिखाया और वे सदा के लिए संसार से विदा हो गये।

रचनाएँ: द्विवेदी युग से काव्य-यात्रा आरम्भ करने वाले प्रसादजी छायावादी काव्य के जन्मदाता एवं प्रवर्तक माने जाते हैं। प्रसादजी ने नाटक, कहानी, उपन्यास, निबन्ध और काव्य के क्षेत्र में अपनी विलक्षण प्रतिभा का परिचय दिया। प्रसादजी ने संस्कृत के तत्सम शब्दों से युक्त कुल 67 रचनाएँ हिन्दी साहित्य जगत् में प्रस्तुत कीं। इनमें से प्रमुख रचनाएँ निम्नलिखित हैं—

(1) कामायनी (छायावादी महाकाव्य)

(2) आँसू (छायावादी मुक्तक विरह काव्य)

(3) चित्राधार (ब्रजभाषा में रचित काव्य-संग्रह)

(4) लहर (भावात्मक हिन्दी काव्य-संग्रह)

(5) झरना (छायावादी कविताओं का संग्रह)

(6) **नाटक**-उनके नाटकों में चन्द्रगुप्त, स्कन्दगुप्त, ध्रुवस्वामिनी, जनमेजय का नागयज्ञ, कामना, एक घूँट, विशाख, राजश्री, कल्याणी, अज्ञातशत्रु और प्रायश्चित हैं।

(7) **उपन्यास**-कंकाल, तितली और इरावती (अपूर्ण)

(8) **कहानी-संग्रह**-प्रसादजी उत्कृष्ट कोटि के कहानीकार थे। उनकी कहानियों में भारत का अतीत मुस्कुराता है। उनके कहानी-संग्रह हैं-प्रतिध्वनि, छाया, आकाशदीप, आँधी और इन्द्रजाल।

(9) **निबन्ध**-प्रसादजी उच्चकोटि के निबन्ध लेखक थे। उन्होंने अनेक निबन्धों की भी रचना की, जो 'काव्यकला और अन्य निबन्ध' संग्रह में संकलित हैं।

आकाशदीप

5

जयशंकर प्रसाद न केवल पद्य साहित्य में अपितु कथा साहित्य में भी बेजोड़ थे। उनकी लेखनी में संस्कृत की तत्सम् शब्दावली का धारा-प्रवाह प्रयोग हुआ है। अतीत के चित्रण में तो वे अति सफल हुए हैं। उनकी रचनाओं के अधिकांशतः विषय और पात्र ऐतिहासिक काल की पृष्ठभूमि से लिये गये हैं। उनके पात्र अत्यन्त भावुक और दृष्ढ़ चरित्र वाले हैं। आकाशदीप ऐसे पृष्ठभूमि पर आधारित एक श्रेष्ठ रचना है।

(1)

"बन्दी!"

"क्या है? सोने दो।"

"मुक्त होना चाहते हो?"

"अभी नहीं, निद्रा खुलने पर, चुप रहो।"

"फिर अवसर नहीं मिलेगा।"

"बहुत शीत है, कहीं से एक कम्बल डालकर कोई शीत से मुक्त करता।"

"आँधी की सम्भावना है। यही अवसर है। आज मेरे बन्धन *शिथिल*[1] हैं।"

"तो क्या तुम भी बन्दी हो?"

"हाँ, धीरे बोलो, इस नाव पर केवल दस नाविक और प्रहरी हैं।"

"शस्त्र मिलेगा?"

"मिल जायेगा। पोत से *सम्बद्ध*[2] *रज्जु*[3] काट सकोगे?"

"हाँ।"

समुद्र में हिलोरें उठने लगीं। दोनों बन्दी आपस में टकराने लगे। पहले बन्दी ने अपने को स्वतन्त्र कर लिया। दूसरे का बन्धन खोलने का प्रयत्न करने लगा। लहरों के धक्के एक-दूसरे को स्पर्श से पुलकित कर रहे थे। मुक्ति की आशा, स्नेह का असम्भावित आलिंगन। दोनों ही अन्धकार में मुक्त हो गये। दूसरे बन्दी ने हर्षातिरेक से उसको गले से लगा लिया। सहसा उस बन्दी ने कहा-"यह क्या? तुम स्त्री हो?"

"क्या स्त्री होना पाप है?" अपने को अलग करते हुए स्त्री ने कहा।

---

1. ढीला। 2. जुड़े हुए। 3. रस्सी।

"शस्त्र कहाँ है, तुम्हारा नाम?"

"चम्पा।"

तारक-*खचित*[1] नील अम्बर और समुद्र के अवकाश में पवन ऊधम मचा रहा था। अन्धकार से मिलकर पवन दुष्ट हो रहा था। समुद्र में आन्दोलन था। नौका लहरों में *विकल*[2] थी। स्त्री सतर्कता से लुढ़कने लगी। एक मतवाले नाविक के शरीर से टकराती हुई सावधानी से उसका कृपाण निकालकर, फिर लुढ़कते हुए, बन्दी के समीप पहुँच गयी। सहसा पोत से पथ-प्रदर्शक ने चिल्लाकर कहा-"आँधी।"

आपत्तिसूचक तूर्य बजने लगा। सब सावधान होने लगे। बन्दी युवक उसी तरह पड़ा रहा। किसी ने रस्सी पकड़ी, कोई पाल खोल रहा था। पर युवक बन्दी ढुलककर उस रज्जु के पास पहुँचा, जो पोत से *संलग्न*[3] था। तारे ढक गये। तरंगें उद्वेलित हुईं, समुद्र गरजने लगा। भीषण आँधी पिशाचिनी के समान नाव को अपने हाथों में लेकर *कन्दुक-क्रीड़ा*[4] और अट्टहास करने लगी।

एक झटके के साथ ही नाव स्वतन्त्र थी। उस संकट में भी दोनों बन्दी खिल-खिलाकर हँस पड़े। आँधी के हाहाकार में उसे कोई न सुन सका।

(2)

अनन्त *जलनिधि*[5] में उषा का मधुर आलोक फूट उठा। सुनहरी किरणों और लहरों की कोमल सृष्टि मुसकराने लगी। सागर शान्त था। नाविकों ने देखा, पोत का पता नहीं। बन्दी मुक्त हैं।

नायक ने कहा-"बुधगुप्त! तुमको मुक्त किसने किया?"

कृपाण दिखाकर बुधगुप्त ने कहा-"इसने।"

नायक ने कहा-"तो तुम्हें फिर बन्दी बनाऊँगा।"

"किसके लिए? पोताध्यक्ष मणिभद्र *अतल*[6] जल में होगा-नायक! अब इस नौका का स्वामी मैं हूँ।"

"तुम? जलदस्यु बुधगुप्त? कदापि नहीं," चौंककर नायक ने कहा और वह अपना कृपाण टटोलने लगा। चम्पा ने इसके पहले ही उसपर अधिकार कर लिया था। वह क्रोध से उछल पड़ा।

"तो तुम द्वन्द्वयुद्ध के लिए प्रस्तुत हो जाओ, जो विजयी होगा, वह स्वामी होगा,"इतना कहकर बुधगुप्त ने कृपाण देने का संकेत किया। चम्पा ने कृपाण नायक के हाथ में दे दिया।

भीषण घात-प्रतिघात आरम्भ हुआ। दोनों कुशल, दोनों त्वरित गति वाले थे। बड़ी निपुणता से बुधगुप्त ने अपना कृपाण दाँतों से पकड़कर अपने दोनों हाथ

---

1. तारो भरे आकाश। 2. व्याकुल। 3. जुड़ा हुआ। 4. गेंद खेलने का खेल। 5. सागर। 6. गहरायी।

स्वतन्त्र कर लिये। चम्पा भय और विस्मय से देखने लगी। नाविक प्रसन्न हो गये। परन्तु बुधगुप्त ने लाघव से नायक का कृपाण वाला हाथ पकड़ लिया और विकट हुँकार से दूसरा हाथ *कटि*[1] में डालकर उसे गिरा दिया। दूसरे ही क्षण प्रभात की किरणों में बुधगुप्त का विजयी कृपाण उसके हाथों में चमक उठा। नायक की कातर आँखें प्राण-भिक्षा माँगने लगीं।

बुधगुप्त ने कहा–"बोलो, अब स्वीकार है या नहीं?"

"मैं अनुचर हूँ, वरुणदेव की शपथ। मैं विश्वासघात नहीं करूँगा।" बुधगुप्त ने उसे छोड़ दिया।

चम्पा ने युवक जलदस्यु के समीप आकर उसके *क्षतों*[2] को अपनी *स्निग्ध*[3] दृष्टि और कोमल करों से वेदना-विहीन कर दिया। बुधगुप्त के सुगठित शरीर पर रक्तबिन्दु विजय-तिलक कर रह थे।

विश्राम लेकर बुधगुप्त ने पूछा–"हम लोग कहाँ होंगे?"

"बालीद्वीप से बहुत दूर, सम्भवत: एक नवीन द्वीप के पास, जिसमें अभी हम लोगों का बहुत कम आना-जाना होता है, सिंहल के वणिकों का वहाँ प्राधान्य है।"

"हम लोग कितने दिनों में वहाँ पहुँचेंगे?"

"अनुकूल पवन मिलने पर दो दिन में। तब तक के लिए खाद्य का अभाव न होगा।"

सहसा नायक ने नाविकों को डाँड़ लगाने की आज्ञा दी, और स्वयं पतवार पकड़कर बैठ गया। बुधगुप्त के पूछने पर उसने कहा–"यहाँ यह जलमग्न शैलखण्ड है। सावधान न रहने से नाव टकराने का भय है।"

(3)

"तुम्हें इन लोगों ने बन्दी क्यों बनाया?"

"वणिक मणिभद्र की पाप-वासना ने।"

"तुम्हारा घर कहाँ है?"

"*जाह्नवी*[4] के तट पर। चम्पा-नगरी की एक क्षत्रिय बालिका हूँ। पिता इसी मणिभद्र के यहाँ प्रहरी का काम करते थे। माता का देहावसान हो जाने पर मैं भी पिता के साथ नाव पर ही रहने लगी। आठ बरस से समुद्र ही मेरा घर है। तुम्हारे आक्रमण के समय मेरे पिता ने ही सात दस्युओं को मारकर जल-समाधि ली। एक मास हुआ, मैं इस नीलनभ के नीचे, नील *जलनिधि*[5] के ऊपर, एक भयानक अनन्तता में निस्सहाय हूँ। मणिभद्र ने मुझसे एक दिन घृणित प्रस्ताव

---

1. कमर। 2. घावों। 3. प्रेम में भीगी। 4. गंगा। 5. सागर।

किया। मैंने उसे गालियाँ सुनायीं। उसी दिन से बन्दी बना दी गयी।" चम्पा रोष से जल रही थी।

"मैं भी ताम्रलिप्ति का एक क्षत्रिय हूँ, चम्पा! परन्तु दुर्भाग्य से जलदस्यु बनकर जीवन बिताता हूँ। अब तुम क्या करोगी?"

"मैं अपने *अदृष्ट*[1] को *अनिर्दिष्ट*[2] ही रहने दूँगी। वह जहाँ ले जाये।" चम्पा की आँखें *निस्सीम*[3] प्रदेश में निरुद्देश्य थीं। किसी आकांक्षा के लाल डोरे न थे। धवल अपांगों में बालकों के सदृश विश्वास था। हत्या-व्यवसायी दस्यु भी उसे देखकर काँप गया। उसके मन में सम्भ्रमपूर्ण श्रद्धा यौवन की पहली लहरों को जगाने लगी। समुद्र-वक्ष पर विलम्बमयी *राग-रंजित*[4] सन्ध्या थिरकने लगी। चम्पा के असंयत *कुन्तल*[5] उसकी पीठ पर बिखरे थे। दुर्दान्त दस्यु ने देखा, अपनी महिमा में अलौकिक एक तरुण बालिका। वह विस्मय से अपने हृदय को टटोलने लगा। उसे एक नयी वस्तु का पता चला। वह थी-कोमलता।

उसी समय नायक ने कहा-"हम लोग द्वीप के पास पहुँच गये।"

बेला से नाव टकरायी। चम्पा निर्भीकता से कूद पड़ी। माँझी भी उतरे। बुधगुप्त ने कहा-जब इसका कोई नाम नहीं है, तो हम लोग इसे चम्पाद्वीप कहेंगे।"

चम्पा हँस पड़ी।

पाँच बरस बाद-

शरद[6] के *धवल*[7] नीलगगन में झिलझिला रहे थे। चन्द्र की उज्ज्वल विजय पर अन्तरिक्ष में *शरदलक्ष्मी*[8] ने आशीर्वाद के फूलों और *खीलों*[9] को बिखेर दिया।

चम्पा द्वीप के एक *उच्चसौध*[10] पर बैठी हुई तरुणी चम्पा दीपक जला रही थी। बड़े यत्न से अभ्रक की *मंजूषा*[11] में दीप भरकर उसने अपनी सुकुमार अँगुलियों से डोरी खींची। वह दीपाधार ऊपर चढ़ने लगा। भोली-भाली आँखें, उसे ऊपर चढ़ते बड़े हर्ष से देख रही थीं। डोरी धीरे-धीरे खींची गयी। चम्पा की कामना थी कि उसका आकाशदीप नक्षत्रों से हिलमिल जाये, किन्तु वैसा होना असम्भव था। उसने आशा भरी आँखें फिरा लीं।

सामने जलराशि का रजत श्रृंगार था। वरुण बालिकाओं के लिए लहरों से हीरे और नीलम की क्रीड़ा *शैल-मालायें*[12] बन रही थीं, और वे मायाविनी *छलनाएँ*[13] अपनी हँसी का *कल-नाद*[14] छोड़कर छिप जाती थीं। दूर-दूर से *धीवरों*[15] का *वंशीझनकार*[16] उनके संगीत-सा मुखरित होता था। चम्पा ने देखा

---

1. भाग्य। 2. बिना आदेश दिये। 3. सीमारहित। 4. प्रेम में पगी (भीगी)। 5. बाल। 6. जाड़ा।
7. श्वेत, उज्ज्वल, तारों का समूह। 8. शरदरूपी लक्ष्मी। 9. भुने धान का लावा। 10. भवन।
11. पिटारी 12. पत्थर की मालाएँ। 13. छलने वाली। 14. स्वर। 15. मल्लाह। 16. वंशीध्वुन।

कि तरल संकुल जलराशि में उसके कण्डील का प्रतिबिम्ब अस्त-व्यस्त था। यह अपनी पूर्णता के लिए सैकड़ों चक्कर काटता था। वह अनमनी होकर उठ खड़ी हुई किसी को पास न देखकर पुकारा-"जया!"

दूरागत[1] पवन चम्पा के आँचल में विश्राम लेना चाहता था। उसके हृदय में गुदगुदी हो रही थी। आज न जाने क्यों बेसुध थी। एक दीर्घकाय दृढ़ पुरुष ने उसकी पीठ पर हाथ रखकर चमत्कृत कर दिया। उसने मुड़कर कहा-"बुधगुप्त!"

"बावली हो क्या? यहाँ बैठी हुई अभी तक दीप जला रही हो, तुम्हें यह काम करना है?"

"*क्षीरनिधिशायी*[2] अनन्त की प्रसन्नता के लिए क्या दासियों से आकाशदीप जलवाऊँ?"

"हँसी आती है। तुम किसको दीप जलाकर पथ दिखाना चाहती हो? उसको, जिसको तुमने भगवान् मान लिया है?"

"हाँ, वह भी कभी भटकते हैं, भूलते हैं, नहीं तो बुधगुप्त को इतना ऐश्वर्य क्यों देते?"

"तो बुरा क्या हुआ, इस द्वीप की अधीश्वरी चम्पा रानी!"

"मुझे इस बन्दीगृह से मुक्त करो। अब तो बाली, जावा और सुमात्रा का वाणिज्य केवल तुम्हारे ही अधिकार में है महानाविक! परन्तु मुझे उन दिनों की स्मृति सुहावनी लगती है, जब तुम्हारे पास एक ही नाव थी और चम्पा के *उपकूल*[3] में पुण्य लादकर हम लोग सुखी जीवन बिताते थे। इस जल में अगणित बार हम लोगों की *तरी*[4] अलोकमय प्रभात में तारिकाओं की मधुर ज्योति में थिरकती थी। बुधगुप्त! उस *विजन*[5] अनन्त में जब माँझी सो जाते थे, दीपक बुझ जाते थे, हम-तुम परिश्रम से थककर पालों में शरीर लपेटकर एक-दूसरे का मुँह क्यों देखते थे? वह नक्षत्रों की मधुर छाया।"

"तो चम्पा! अब उससे भी अच्छे ढंग से हम लोग विचर सकते हैं। तुम मेरी प्राणदात्री हो, मेरी सर्वस्व हो।"

"नहीं-नहीं, तुमने दस्युवृत्ति छोड़ दी, परन्तु हृदय वैसा ही अकरुण, *सतृष्ण*[6] और ज्वलनशील है। तुम भगवान् के नाम पर हँसी उड़ाते हो। मेरे आकाशदीप पर व्यंग्य कर रहे हो। नाविक! उस प्रचण्ड आँधी में प्रकाश की एक-एक किरण के लिए हम लोग कितने व्याकुल थे। मुझे स्मरण है, जब मैं छोटी थी, मेरे पिता नौकरी पर समुद्र में जाते थे, मेरी माता मिट्टी का दीपक बाँस की पिटारी में भागीरथी के तट पर बाँस के साथ ऊँचे बाँग देती थी। उस समय

1. दूर से आता हुआ। 2. समुद्र शैया पर सोने वाले। 3. द्वीप। 4. नौका। 5. एकान्त। 6. प्यासा।

वह प्रार्थना करती–'भगवान्! मेरे पथ-भ्रष्ट नाविक को अन्धकार में ठीक पथ पर ले चलना।' और जब मेरे पिता बरसों पर लौटते, तो कहते– 'साध्वी! तेरी प्रार्थना से भगवान् ने संकटों में मेरी रक्षा की है।' वह गद्गद् हो जाती। मेरी माँ! आह नाविक! यह उसी की पुण्य-स्मृति है। मेरे पिता, वीर पिता की मृत्यु के निष्ठुर कारण, जलदस्यु! हट जाओ।" सहसा चम्पा का मुख क्रोध से भीषण होकर रंग बदलने लगा। महानाविक ने कभी यह रूप न देखा था। वह ठठाकर हँस पड़ा।

"यह क्या चम्पा? तुम अस्वस्थ हो जाओगी, सो रहो।" कहता हुआ चला गया। चम्पा मुट्ठी बाँधे *उन्मादिनी-सी*[1] घूमती रही।

(5)

निर्जन समुद्र के उपकूल में वेला से टकराकर लहरें बिखर जाती थीं। पश्चिम का पथिक थक गया था। उसका मुख पीला पड़ गया। अपनी शान्त, गम्भीर हलचल में जलनिधि विचार में निमग्न था। वह जैसे प्रकाश की *उन्मलिन*[2] किरणों से विरक्त था

चम्पा और जया धीरे-धीरे उस तट पर आकर खड़ी हो गयीं। तरंग से उठते हुए पवन ने उसके *वसन*[3] को अस्त-व्यस्त कर दिया। जया के संकेत से एक छोटी-सी नौका आयी। दोनों के उस पर बैठते ही नाविक उतर गया। जया नाव खेने लगी। चम्पा मुग्ध-सी समुद्र के उदास वातावरण में अपने को मिश्रित कर देना चाहती थी।

"इतना जल! इतनी शीतलता! हृदय की प्यास न बुझी। पी सकूँगी? नहीं, तो जैसे वेला में चोट खाकर सिन्धु चिल्ला उठता है, उसी के समान रोदन करूँ? या जलते हुए *स्वर्ण-गोलक*[4] सदृश अनन्त जल में डूबकर बुझ जाऊँ?" चम्पा के देखते-देखते पीड़ा और ज्वलन से आरक्त बिम्ब धीरे-धीरे सिन्धु में चौथाई, आधा, फिर सम्पूर्ण विलीन हो गया। एक दीर्घ निःश्वास लेकर चम्पा ने मुँह फेर लिया। देखा, तो महानाविक का बजरा उसके पास है। बुधगुप्त ने झुककर हाथ बढ़ाया। चम्पा उसके सहारे बजरे पर चढ़ गयी। दोनों पास-पास बैठ गये।

"इतनी छोटी नाव पर इधर घूमना ठीक नहीं। पास ही वह जलमग्न शैलखण्ड है। कहीं नाव टकरा जाती या ऊपर चढ़ जाती, चम्पा तो?"

"अच्छा होता, बुधगुप्त! जल में बन्दी होना कठोर प्राचीरों से तो अच्छा है।"

"आह चम्पा! तुम कितनी निर्दयी हो। बुधगुप्त को आज्ञा देकर देखो तो, वह क्या नहीं कर सकता। जो तुम्हारे लिए नये द्वीप की सृष्टि कर सकता है, नयी प्रजा खोज सकता है, नये राज्य बना सकता है, उसकी परीक्षा लेकर देखो तो...। कहो, चम्पा!

---

1. पागल जैसी। 2. खुली। 3. वस्त्र। 4. सूर्यपिण्ड।

वह कृपाण से अपना हृदय-पिण्ड निकालकर अपने हाथों अतल जल में विसर्जन कर दे।" महानाविक-जिसके नाम से बाली, जावा और चम्पा का आकाश गूँजता था, पवन थर्राता था-घुटनों के बल चम्पा के सामने छलछलाई आँखों से बैठा था।

सामने शैलमाला की चोटी पर हरियाली से विस्तृत जल-देश में, *नील पिंगल*[1] सन्ध्या, प्रकृति की सहृदय कल्पना, विश्राम की शीतल छाया, स्वप्नलोक का *सृजन*[2] करने लगी। उस मोहिनी के रहस्यपूर्ण नीलजाल का कुहक स्फुट हो उठा। जैसे मदिरा से सारा अन्तरिक्ष *सिक्त*[3] हो गया। सृष्टि नील कमलों से भर उठी। उस *सौरभ*[4] से पागल चम्पा ने बुधगुप्त के दोनों हाथ पकड़ लिये। वहाँ एक आलिंगन हुआ, जैसे क्षितिज में आकाश और सिन्धु का। किन्तु *परिरम्भ*[5] में सहसा *चैतन्य*[6] होकर चम्पा ने अपनी *कंचुकी*[7] से एक *कृपाण*[8] निकाल लिया।

"बुधगुप्त! आज मैं अपने प्रतिशोध का कृपाण अतल जल में डुबो देती हूँ। हृदय ने छल किया, बार-बार धोखा दिया।" चमककर वह कृपाण समुद्र का हृदय बेधता हुआ विलीन हो गया।

"तो आज मैं विश्वास करूँ, कि क्षमा कर दिया गया?" आश्चर्य कम्पित कण्ठ से महानाविक ने पूछा।

"विश्वास? कदापि नहीं, बुधगुप्त! जब मैं अपने हृदय पर विश्वास नहीं कर सकी, उसी ने धोखा दिया, तब मैं कैसे कहूँ? मैं तुमसे घृणा करती हूँ, फिर भी तुम्हारे लिए मर सकती हूँ। अन्धेर है जलदस्यु! तुम्हें प्यार करती हूँ" चम्पा रो पड़ी।

वह स्वप्नों की रंगीन सन्ध्या, तुमसे अपनी आँखें बन्द करने लगी थी। दीर्घ निःश्वास लेकर महानाविक ने कहा-"इस जीवन की पुण्यतम घड़ी की स्मृति में एक प्रकाश-गृह बनाऊँगा, चम्पा! यहीं उस पहाड़ी पर। सम्भव है कि मेरे जीवन की धुँधली सन्ध्या उससे *आलोकपूर्ण*[9] हो जाये।"

(6)

चम्पा के दूसरे भाग में एक मनोरम शैलमाला थी। वह बहुत दूर तक सिन्धु-जल में निमग्न थी। सागर का चंचल जल उस पर उछलता हुआ उसे छिपाये था। आज उसी शैलमाला पर चम्पा के आदि-निवासियों का समारोह था। उन सबों ने चम्पा को वनदेवी-सा सजाया था। ताम्रलिप्ति के बहुत से सैनिक नाविकों की श्रेणी में वन-कुसुम-विभूषिता चम्पा, *शिविकारूढ़*[10] होकर जा रही थी।

शैल के एक ऊँचे शिखर पर चम्पा के नाविकों को सावधान करने के लिए सुदृढ़ दीप-स्तम्भ बनवाया गया था। आज उसी का महोत्सव है। बुधगुप्त स्तम्भ

---

1. नीला-पीला। 2. निर्माण। 3. भीग। 4. महक। 5. सम्भोग क्रिया। 6. सावधान। 7. चोली। 8. कटार। 9. प्रकाशित। 10. पालकी पर सवार।

के द्वार पर खड़ा था। शिविका से सहायता लेकर चम्पा को उसने उतारा। दोनों ने भीतर पदार्पण किया था कि बाँसुरी और ढोल बजने लगे। पंक्तियों में कुसुम-भूषण से सजी वन-बालाएँ फूल उछालती हुई नाचने लगीं।

दीप-स्तम्भ की ऊपरी खिड़की से यह देखती हुई चम्पा ने जया से पूछा-"यह क्या है जया? इतनी बालाएँ कहाँ से बटोर लायीं,"

"आज रानी का ब्याह है न?" कहकर जया ने हँस दिया।

बुधगुप्त विस्तृत जलनिधि की ओर देख रहा था। उसको झकझोरकर चम्पा ने पूछा-"क्या यह सच है?"

"यदि तुम्हारी इच्छा हो, तो यह सच भी हो सकता है, चम्पा! कितने वर्षों से मैं ज्वालामुखी को अपनी छाती में दबाये हूँ।"

"चुप रहो, महानाविक! क्या मुझे निस्सहाय और कंगाल जानकर तुमने आज सब प्रतिशोध लेना चाहा?"

"मैं तुम्हारे पिता का घातक नहीं हूँ, चम्पा! वह दूसरे दस्यु के शस्त्र से मरे।"

"यदि मैं इसका विश्वास कर सकती बुधगुप्त, वह दिन कितना सुन्दर होता, वह क्षण कितना *स्पृहणीय*[1]। आह! तुम इस निष्ठुरता में भी कितने महान् होते।"

जया नीचे चली गयी थी। स्तम्भ के संकीर्ण प्रकोष्ठ में बुधगुप्त और चम्पा एकान्त में एक-दूसरे के सामने बैठे थे।

बुधगुप्त ने चम्पा के पैर पकड़ लिये। उच्छ्वसित शब्दों में वह कहने लगा-"चम्पा! हम लोग जन्मभूमि-भारतवर्ष से कितनी दूर इन निरीह प्राणियों में इन्द्र और शची के समान पूजित हैं। पर न जाने क्यों, अभिशाप हम लोगों को अभी तक अलग किये है। स्मरण होता है वह दार्शनिकों का देश! वह महिमा की प्रतिभा! मुझे वह स्मृति नित्य आकर्षित करती है, परन्तु मैं क्यों नहीं जाता? जानती हो, इतना महत्व प्राप्त करने पर भी मैं कंगाल हूँ। मेरा पत्थर-सा हृदय एक दिन सहसा तुम्हारे स्पर्श से चन्द्रकान्तमणि की तरह द्रवित हुआ।

"चम्पा! मैं ईश्वर को नहीं मानता, मैं पाप को नहीं मानता, मैं दया को नहीं समझ सकता, मैं उस लोक में विश्वास नहीं करता। पर मुझे अपने हृदय के एक दुर्बल अंश पर श्रद्धा हो चली है। तुम न जाने कैसे एक बहकी हुई तारिका के समान मेरे शून्य में उदित हो गयी हो। आलोक की एक कोमल रेखा इस *निविड़तम*[2] में मुसकराने लगी। पशु-बल और धन के उपासक के मन में किसी शान्त और एकान्त कामना की हँसी खिलखिलाने लगी, पर मैं न हँस सका।

---

1. प्रशंसा योग्य। 2. घना अन्धकार।

"चलोगी चम्पा? पोतवाहिनी पर असंख्य धनराशि लादकर राजरानी-सी जन्मभूमि के अंक में? आज हमारा परिणय हो, कल ही हम लोग भारत के लिए प्रस्थान करें। महानाविक बुधगुप्त की आज्ञा सिन्धु की लहरें मानती हैं। वे स्वयं उस पोत-कुंज को दक्षिण पवन के समान भारत में पहुँचा देंगी। आह चम्पा! चलो।"

चम्पा ने उसके हाथ पकड़ लिये। किसी आकस्मिक झटके ने पलभर के लिए दोनों के अधरों को मिला दिया। सहसा चैतन्य होकर चम्पा ने कहा-"बुधगुप्त! मेरे लिए यह मिट्टी है, सब जल तरल है, सब पवन शीतल है। कोई विशेष आकांक्षा हृदय में अग्नि के समान प्रज्वलित नहीं है। सब मिलाकर मेरे लिए एक शून्य है। प्रिय नाविक! तुम स्वदेश लौट जाओ, विभवों का सुख भोगने के लिए और मुझे, छोड़ दो इन निरीह भोले-भाले प्राणियों के दुःख की सहानुभूति और सेवा के लिए।"

"तब मैं अवश्य चला जाऊँगा, चम्पा! यहाँ रहकर मैं अपने हृदय पर अधिकार रख सकूँ, इसमें सन्देह है। आह! उन लहरों में मेरा विनाश हो जाये।" महानाविक के उच्छ्वास में विकलता थी। फिर उसने पूछा-"तुम अकेली यहाँ क्या करोगी?"

"पहले विचार था कि कभी इस द्वीप-स्तम्भ पर से आलोक जलाकर अपने पिता की समाधि का इस जल से अन्वेषण करूँगी। किन्तु देखती हूँ, मुझे भी इसी में जलना होगा, जैसे आकाशदीप।"

(7)

एक दिन स्वर्ण-रहस्य के प्रभात में चम्पा ने अपने दीप-स्तम्भ से देखा सामुद्रिक नावों की एक श्रेणी चम्पा का उपकूल छोड़कर पश्चिम-उत्तर की ओर महाजल-व्याल के समान *सन्तरण*[1] कर रही है। उसकी आँखों में आँसू बहने लगे।

यह कितनी ही शताब्दियों पहले की कथा है। चम्पा आजीवन उस दीप-स्तम्भ में आलोक जलाती रही। किन्तु उसके बाद भी बहुत दिन, दीपनिवासी, उस माया-ममता और स्नेह-सेवा की देवी की समाधि-सदृश पूजा करते थे।

एक दिन काल के कठोर हाथों ने उसे भी अपनी चंचलता से गिरा दिया।

---

1. तैरना।

शिक्षा

मानव-मन का अन्तर्द्वन्द्व उसे प्रेम में असफल बना देता है।

सन्देश

➤ प्रेम एक ऐसी शक्ति है, जो असम्भव कार्य को भी सम्भव बनाती है और व्यक्ति उसकी आशा में बड़े से बड़ा भी कार्य कर पाता है।

➤ प्रेम एक दुधारी तलवारी है, जिस पर निर्द्वन्द्व चलना सरल नहीं।

➤ प्रेम में प्रतिदान की आशा मत करो।

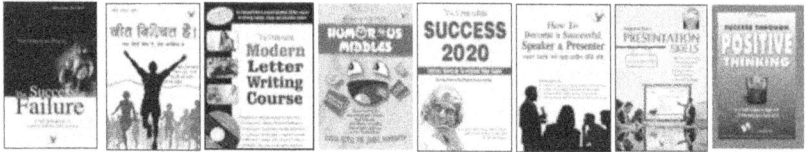

Also Available in Hindi

Also Available in Hindi

Also Available in Kannada, Tamil

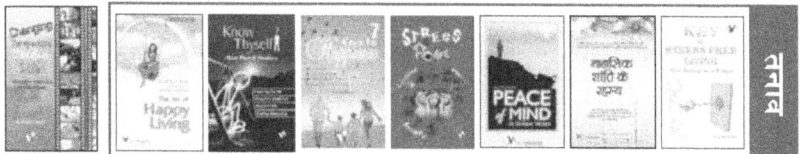

Also Available in Kannada

Also Available in Kannada

तनाव

Also Available
in Hindi, Kannada

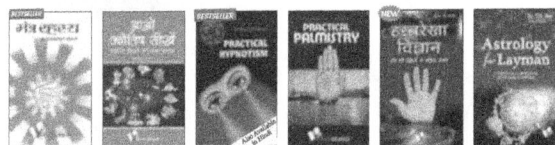

Also Available
in Hindi, Kannada

www.ingramcontent.com/pod-product-compliance
Lightning Source LLC
Chambersburg PA
CBHW060647210326
41520CB00010B/1775
* 9 7 8 9 3 5 0 5 7 6 4 7 2 *